苗谱

段劼

U0215594

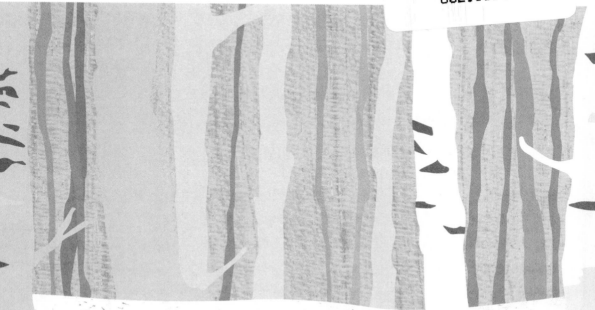

LINMU ZHONGMIAO
ZHUISU TIXI YANJIU

林木种苗

追溯体系研究

中国林业出版社
China Forestry Publishing House

图书在版编目（CIP）数据

林木种苗追溯体系研究／段劼等编著. —北京：
中国林业出版社，2022.6
　ISBN 978-7-5219-1720-8

　Ⅰ.①林…　Ⅱ.①段…　Ⅲ.①苗木–育苗–质量管理
体系–研究–中国　Ⅳ.①S723.1

　中国版本图书馆 CIP 数据核字（2022）第 097547 号

中国林业出版社·自然保护分社（国家公园分社）
责编和策划编辑：肖静

出版发行　中国林业出版社（100009　北京市西城区刘海胡同 7 号）
　　　　　http：//www. forestry. gov. cn/lycb. html　　电话：（010）83143577
印　　刷　河北京平诚乾印刷有限公司
版　　次　2022 年 6 月第 1 版
印　　次　2022 年 6 月第 1 次印刷
开　　本　710mm×1000mm　1/16
印　　张　10.5
字　　数　150 千字
定　　价　50.00 元

编辑委员会

前　言

　　林木种苗质量是种苗企业赖以生存的基础。林木种苗的市场化和商业化决定了种苗企业在发展过程中必须注重其种苗生产的规范化、精细化以及科学化，这既可保证林木种苗的质量，也可提升企业的竞争优势。林木种苗质量追溯过程要求对整个种苗生产、运输和销售过程中每一环节的数据进行记录，以充分保障种苗质量出现问题时的追溯依据和数据来源，这对于发现和改进种苗生产过程中可能遇到的问题具有十分重要的作用，同时可提高单个种苗生产企业乃至整个种苗行业的发展水平。

　　本研究框架形成的林木种苗追溯体系，可以帮助包括种苗生产方在内的各个种苗产业链参与者提高其种苗质量追溯能力。换言之，即使出现了种苗质量问题，各方也可以根据追溯体系中的追溯信息，精准高效地找出可能导致这一问题出现的原因及节点，进而及时解决问题，保障苗木使用方利益，此外，也极大程度上降低了种苗生产商的损失，维护了生产商的口碑。对种苗供应链进行的跟踪和追溯，使得每一株流往市场的林木种苗都具备完整的可追溯链条，让消费者可以清晰地了解种苗的种源、种子区划、生产基地概况、运输方式和保存方式等详细信息。将种苗生产过程置于公共监督之下，维护了消费者的知情权，提升了消费者对种苗质量的信心，最终可赢得客户的认可，增强社会对种苗生产企业的信任度和满意度。同时，市场和消费者也可将苗木使用信息反馈至可追溯体系，为上游、中游的苗木产业链参与者提供反馈信息。种苗追溯体系也是一个种苗的"产销用"信息开放平台，可以为苗木生产商或生产户提供精确的市场反馈，有利于下一步苗木生产方向的确定及完善，最终实现的是整个种苗产业的良好、健康、可持续的高效运行。

通过建立林木种苗追溯体系，可从根本上保证林木种苗生产及后续造林工作实现"适地适树"。"适地适树"是指造林树种的特性，主要是生态学特性，和造林地的立地条件相适应，以充分发挥生产潜力，达到该立地在当前技术经济条件下可能取得的高产水平(沈国舫和翟明普，2011)。造林首先要掌握造林地的立地条件特点，再根据立地条件与树种生态学特性正确选择树种。然而，造林工作者可能对适地适树原则的了解并不深入，规模化引种栽植常缺乏足够的调查研究和理论指导，错误种植了不适宜本地立地环境的树种，在造成经济损失的同时，还会导致地力和水资源的过度消耗，并对其他植被的生长构成竞争威胁，引发区域内的生态环境问题。建立完备的林木种苗追溯体系可在一定程度上解决该问题。林木种苗追溯体系当中包含了林木种苗的各类信息，如品种、生产地、生产区气候条件等与适地适树有关的数据信息。种苗行业参与者可以通过获取有关信息，选择与其购买目标相符的苗木产品，降低种植风险。通过种苗追溯体系，不仅可以让生产者充分了解林木种苗市场的各类需求，而且可以让造林者对具体苗木的生态学特性有一定的了解和认识，从而在当地的造林工作中准确选择正确的树种，使"适地适树"的概念能真正运用于造林实践中。

另外，实施林木种苗质量追溯，构建种苗追溯体系，可以从根本上提升造林质量、维护造林地生态环境平衡稳定。这是因为种苗追溯体系中包含了种苗生长过程中的各项关键数据，通过这些数据信息可以反映每一株苗木的生产过程，通过分析比较各株苗木的生长过程，可以精确选择出适应和符合目标性状的产品，从而保证日后的选种工作和造林质量。可见，种苗追溯体系的构建在某种程度上还有利于提高种苗行业标准化水平。各类苗木都可以从追溯系统中提取出对应的高质量苗木生产环节数据，而且还便于开展苗木的推广。

综上所述，林木种苗生产应以市场需求为导向，以"适地适树"为基础，通过追溯体系保障林木种苗市场良好高效运行，倒逼苗木产业链各参与主体形成以苗木质量为核心的生产过程，不断优化生产方案，削减不必要的生产投入，从而提高种苗质量，为提升种苗行业健康发展，最终实现森林质量提升奠定物质基础。

　　本书旨在针对目前国内的种苗行业发展现状，结合分析林木种苗生产特点，通过研究国内外其他行业成熟的产品质量追溯体系，构建起我国林木种苗追溯体系的理论框架。全书共由八部分组成。前言阐明了本书的写作背景与意义；第一章详细介绍了研究背景与必要性；第二章通过查阅大量国内外文献介绍了国内外产品追溯现状及国内追溯体系存在的问题；第三章阐明了追溯体系的理论基础、方法及其作用机制；第四章详细分析了我国种苗追溯现状与各环节特点；第五章介绍了林木种苗追溯体系的建设思路，包括指导思想与原则、建设思路与系统构架、平台构建技术、系统构建思路、主要类型林木种苗追溯节点信息及管理结构；第六章分析了林木种苗追溯体系实施的保障与监管措施；第七章提出了我国林木种苗追溯体系建设的建议。整体而言，本书首次对我国林木种苗追溯建设思路及追溯体系建设进行了系统阐述，对于开展林木种苗质量追溯及构建追溯体系具有一定的理论和指导意义。

　　林木种苗追溯体系研究属于全新的研究领域，难免在行文或内容上有考虑不到或不够成熟的地方，请读者批评指正。

段　劼

2022 年 3 月

目　录

1

第一章 引　言

本章从我国林业建设的重要性及地位出发，阐述了林木种业在生态建设中的战略重要性，分析了种苗业现状及问题，介绍了开展林木种苗追溯体系研究的背景，并从种苗安全、市场供需、信息化水平及种苗溯源等四个方面阐述了建立林木种苗追溯体系的必要性。

第一节　研究背景

党的十八大以来，我国生态文明建设受到党和国家前所未有的重视，习近平总书记指出："良好生态环境是最公平的公共产品，是最普惠的民生福祉。"生态文明建设是一项长期复杂的系统性工程，林业在生态文明建设中起到了举足轻重的作用。新时期，林业被赋予了新的使命，被提升到国家战略发展的重要位置。林业是生态文明建设的重要基础，发展林业有利于生态文明建设工作顺利推进。现代林业就是以生态环境和经济效益为核心理念的建设过程（陈光兴，2021），以重点发展森林植被的水源涵养、净化空气等多种价值为目标，依托先进的科学技术，满足当前社会快速发展对生态和社会的各种需求（孙晶，2016）。2022年3月，习近平总书记在参加首都义务植树活动时指出，森林是水库、钱库、粮库和碳库。林业对提高空气质量，涵养水源，保持水土，改善居民生活环境作出了重要贡献，同时为人们提供了各种林产品，提高了人们的生活品质。林业不仅是重要的公益性事业，也是重要的基础产业，在我国可持续发展中具有重要的经济价值（王雪冬，2015）。随着人民生活水平显著提高，人们对林业产

1

品的需求越来越迫切，人民日益增长的美好生活需要对新时期林业产业的发展提出了新的要求。林业生产由重数量向重质量转型，林木的质量越来越好、种类越来越多，我国林业产业的发展对优质林木的需求量不断增加，因而对林业发展提出了更高的质量要求（陈博等，2019）。

种业是国家战略性、基础性核心产业，是保障国家粮食安全、生态安全和重要农林产品有效供给，推动生态文明建设，维护生物多样性的重要基础。党中央把种源安全提升到关系国家安全的战略高度。2022年3月，习近平总书记指出种源安全关系到国家安全，必须下决心把我国种业搞上去，实现种业科技自立自强、种源自主可控。2022年7月，中央全面深化改革委员会第二十次会议，审议通过《种业振兴行动方案》，强调要把种源安全提升到关系国家安全的战略高度，集中力量破难题、补短板、强优势、控风险，实现种业科技自立自强、种源自主可控。《中华人民共和国种子法》（以下简称《种子法》）中所称种子是指农作物和林木的种植材料或者繁殖材料，包括籽粒、果实和根、茎、苗、芽、叶等。林木种苗是林业发展的前提和基础，对于改善林分质量、提高森林生产力、维持基因多样性和遗传稳定性、促进森林生态系统安全健康发展等方面具有重要意义（刘红，2011）。"十四五"我国将加快构建中国特色现代种业体系，构建涵盖全产业链的林木种业技术体系，提高林木种业发展水平。新时期，实施林业高质量发展，保障木材和粮油安全国家战略、乡村振兴战略，实现"双碳"目标，均需要林木种苗事业的高水平发展，更离不开高质量的林木种苗。

近年来，我国林木种苗产业取得了长足的发展。林木种苗产量的迅速增长致使长期隐藏的各种问题逐渐显露。苗木产业结构不合理、种苗市场管理混乱、法规和执法体系不健全、林木种苗质量不高，无不影响林木种苗产业的可持续发展。林木种苗市场管理粗放、经营分散，种苗产业的发展速度已经高于当前林业产业的发展需求，供大于求现象的出现揭示了林木种苗产业结构矛盾问题突出，主要表现在树种、树龄结构上的失衡。随着近年来业外资本投入绿化苗木企业，专业性缺乏、培育目标不明、市场跟风现象严重等，造成苗木的品种、规格、结构均不合理。常规需求树种的苗木生产数量远大于市场绿化需求，而新兴市场所需的名优、稀缺的新树种生产数量则较少(高捍东，2005)。此外，在以往林业种苗管理中有关工作人员无法充分了解实际社会需求，无法掌握市场对林业的需求，导致种需脱节、严重的信息不对称，种苗管理充满盲目性、某一类型树种过度栽植导致市场需求饱和等情况的发生(马蓓莉，2021)。除了林木种苗品种矛盾，在林木种苗的年龄和规格上也出现失衡现象，如公共城市景观绿化所需要的大规格苗木紧缺，而小规格苗木则生产过剩。如合肥市新建苗圃种植占比较高的香樟、桂花、女贞等六大树种中，中规格苗所占比例不足50%，大规格苗所占比例约15%，不少苗木达不到园林绿化施工标准要求(高乾奉和任杰，2018)。产业结构矛盾不仅体现在林木种苗市场供需上，部分地区经济发展与林业生态多样性之间也存在矛盾。如苏北地区杨树产业被划为江苏农村经济发展的主导产业，杨树种植面积不断增加。在杨树经济迅速发展的同时，林木种苗品种单一化发展趋势却增加了病虫害发生的风险，导致林木健康性、稳定性降低。这是摆在杨树产业化发展道路上亟待解决的问题，也是林木种苗产业结构矛盾亟待解决的问题。

2000年，《种子法》的颁布和实施极大地推动了林木种苗生产、经营的法治化建设进程，加强了对林木种苗行业的行政管理，为我国林木种苗产业发展提供了法律制度的根本保障(何小洋和刘晓春，2014)。此后，各地政府结合当地林木种苗产业的实际发展情况，在林木种子的经营许可、质量监管、质量检测以及种质资源保护等方面制定了配套地方性法规，切实保证了国家林木种苗的质量安全。现我国已初步形成以《种子法》为主体，地方性法规、部门规章和地方政府规章相配套的林木种苗法律法规体系，涉及林木种子生产经营许可、品种审定、种子质量监督检验和种质资源保护等各个方面，建立了覆盖林木种质资源收集、繁殖、良种选育、引种、产品质量及质量检验方法、储藏和流通等环节的技术标准体系。在2015年重新修订的《种子法》中，也充分表达了国家和政府对种质资源高品质发展的要求。在林木种苗相关法律法规的根本保障下，林木种苗产业体系不断完善，国家及地方政府对林木种苗行业建设的投入力度不断加大，先后开展了一批林木种苗重点工程项目，包括国家级、省级林木种苗示范基地、林木采种基地、林木良种基地、林木良种繁育中心和国有苗圃等项目，初步形成了以国家林木种子生产基地为骨干，非生产基地为补充的生产体系，建立了以国家宏观调控与省内自主调剂相结合的供应体系（何小洋和刘晓春，2014）。林木种苗相关政府机构管理职能进一步增强，部分省（自治区、直辖市）的地方性法规明确授予林木种苗管理机构以行政处罚权，林木种子生产经营许可证发证率超过95%（《2011—2020年全国林木种发展规划》），林木种子样品和苗木样品合格率均在90%以上（国家林业和草原局，2020）。2019年，国家林业和草原局在《国家林业和草原局关于推进种苗事业高质量发展的意见》中指出，种苗是林业草原事业发展的重要基础，是提高林地草地经济、生态和社会效益的根本。要以种苗使用优质化、种子生产基地化、苗木供应市场化、种苗管理法治化为总目标。坚持因地制宜、精准施策；市场主导、强化服务；改革创新、提质增效；依法治理、严格监管。争取到2025年，主要造林树种良种使用率达到75%，商品林全部实现良种化，草种自给率显著提升。

通过前期调研发现，我国虽然已经初步建立了林木种苗相关的法律法规体系和行政执法体系，但实际可操作性低，行业标准尚不完善，行业协会组织机制不健全，管理机构运行效率不高，执法人员专业知识缺乏，质量监管和信息管理手段落后，林木种苗交易市场秩序仍然混乱（见附件）。种苗受检率低，部分产种、用种区检验设备简陋，"见种就用"现象时有发生（刘丽娜，2013）。由于林木种苗生产经营许可、质量检验、商品标签等制度没有完全到位，加上不少种苗生产商只看重一时收益，导致林木种苗市场以假充真、以次充好、未审先推的现象时有发生，严重影响林木种苗的高质量发展。1958年，北京从新疆引种核桃成功，但全国其他地区引种新疆核桃并未全部成功。1987年，大兴安岭森林火灾后在漠河进行育种，种源来自内蒙古赤峰，温度降低后苗木难以抵抗寒冷导致全部苗木销毁重新培育。不仅国内，国际上也曾经出现过因为种苗质量问题的严重事故。例如1940年，瑞典用德国起源的欧洲赤松种子造林，10年以后生长缓慢，树干弯曲、枝节多，最终逐渐死亡。此外，我国良种选育及推广工作落实并不到位，过分依赖进口良种进行栽培。林木良种基地较少，良种化程度较低。不少苗圃在选种环节没有严格执行只培育良种的要求，在选苗造林的环节没有对存在虫枝、受损枝、发育不良枝、机械损伤枝等现象的所培育种苗执行严格的挑选。截至 2020 年，我国主要造林树种良种使用率为 65%。我国林木种苗发展优势地区，种苗基地供种率达 90% 以上，良种使用率达 80%。例如，浙江省基本实现了板栗、火炬杉、湿地杉、杉木等 10 多个树种造林良种化（刘红，2011）。即使是我国种苗优势地区，种苗质量较林业发达国家而言依然存在较大差距。在国外，林业发达国家如美国、瑞典、日本等国，现基本实现种子生产基地化、良种化，主要造林用种全部或大部分由种子园提供，主要树种育苗良种率达到 100%（邢世岩，2011）。种苗生产和供应所面临和遇到的诸多问题给种苗生产产业，甚至是整个林业产业带来极大的问题。

虽然从表面上看，造成上述问题的原因与政府监管不够、服务不力、制度不完善有关，但潜藏在这些直接原因背后的根本原因是林木种苗产业技术支撑不足，林木种苗市场中生产企业与种苗购买者甚至是与政府之间存在严重的信息不对称。产品质量过关是消费者对生产企业提出的基本要求，然而种苗产品的流通环节较多，各个环节采集接收到的信息杂乱无章，无法保证其真实性及完整性，也无法真正做到有效控制种苗产品。我国当前尚未全面推广林木种苗信息管理系统，许多个体苗圃仍采用传统的经营管理模式，不仅一定程度上降低了林木种苗行业的生产效率，而且随着林木种苗生产力的提高，种苗品种与交易量不断增加，传统的经营模式难以有效地管理和分析生产期间产生的大量数据（王文华，2018）。信息化建设落后，阻碍了林木种苗生产者及时掌握和传递种苗市场信息，严重阻碍了各级种苗信息网的链接、林木种苗追溯体系的形成。为此，只有尽可能从降低或消除信息不对称入手才能从根本上解决种苗质量安全问题，但由于信息不对称问题在一定的经济社会条件下一时难以彻底消除，有助于降低信息不对称的监管机制必将成为保证林木种苗质量安全的有效措施。为此，我国进一步完善了林木种苗质量相关法律法规，一些地方引进了林木种苗质量可追溯体系，开始了林木种苗质量安全可追溯的尝试，例如，2020 年黑龙江省造林要求必须建立完整的档案来确保苗木终生可追溯；2018 年京津冀地区开展林业植物检疫追溯体系建设，用于三省（直辖市）

调运植物及植物产品的检疫和精准标记。不同地区对林业追溯体系的尝试标志着中国林木种苗行业质量追溯管理已经具有了一定的基础。国家林业和草原局提出有关林木种苗追溯平台的构建和思考，旨在达到满足生产商和消费者对打破林木种苗市场信息不对称的要求，力求通过"互联网＋"的手段和方法，让种苗企业可以实时了解到林木种苗市场的动态和趋势，同时也要让消费者实时了解到各大林木种苗企业的生产流程和林木种苗的质量。

第二节　必要性

林木种苗是一种商品，具有商品的一般性和特殊性。其一般性应以市场为基础配置资源。种苗各市场主体必须通过自主、平等、竞争、开放和有序等方式参与市场活动，政府部门可以起到市场引导、市场监督、市场服务等职责。林木种苗也具有特殊性，林木种苗的生命性、公益性、长周期性是其特殊性的体现。因此，种苗生产和管理不能完全依靠市场，还要在发挥市场"无形之手"作用的基础上，充分发挥政府等管理部门"有形之手"的作用。特别是种苗类型多样，其生产过程环节较多，包括后续的流通、销售、种植等过程都会导致其质量下降。在当前种苗市场规范性不强的前提下，政府等管理部门更应对根据种苗特点建立行之有效的质量追溯体系，对种苗市场进行有形干预、直接作为。建立种苗追溯体系可以解决林木种苗行业的四个问题。

第一，解决良种推广率低，种苗质量安全问题

《种子法》对林木良种的定义是"通过审定的主要林木品种，在一定的区域内，其产量、适应性、抗性等方面明显优于当前主栽材料的繁殖材料和种植材料"。良种一定是种子，但种子不一定都是良种。适宜的种源是保证林木生产力高、稳定性好的重要条件。只有好的品种和良种才值得推广应用。林木种苗追溯体系可以从行业层面规定纳入追溯体系的林木种苗品种及良种种类，及其流通范围，并对流通渠道进行准确追溯。从源头上提高林木良种使用率，同时保护了植物新品种权。同时，可根据林木种苗

的特性，在追溯体系中规定林木种苗的流通范围，避免出现树种选择不当引起的问题。还可对假种子、假苗木等严重影响种苗质量的行为进行溯源，保障种苗质量安全。

第二，解决目前林木种苗市场引导不力，苗木供需失衡的问题

目前，我国林木种苗基本是按照市场化来管理，但严重缺乏政府的宏观引导，特别是没有向种苗生产者和使用者提供全国性、区域性、地域性的种苗供需信息平台，使得种苗生产者生产什么苗、卖到哪里去心中无数，种苗使用者能用什么苗、上哪儿买也心中无数。这是导致目前种苗供需结构性矛盾突出的根本原因，主要表现在：一是树种结构失衡，一般树种供过于求，名、特、优、稀、新品种不足；二是树龄和规格结构失衡，大规格苗少，而小苗过剩。《2022 年度全国苗木供需分析报告》显示，2020 年全国可出圃苗木约 368 亿株，当年造林绿化实际用苗量为 129 亿株，油松、侧柏、云杉等树种品种严重过剩。与此同时，桉树、竹类、兴安落叶松供应严重不足。建立行业统一的种苗质量追溯平台，可以为种苗产业各方及时提供苗木供需信息，引导形成规范、合理的市场运行机制。此外，管理部门也可根据行业需求，发布一些用苗信息，引领种苗行业发展。

第三，解决目前林木种苗市场服务不力，信息化水平不高的问题

在网络信息化高速发展的时代，各类商品几乎都实现了网络化交易，鼓励和支持苗木产业各相关社会主体参与和建立种苗质量追溯平台，可以为各主体提供必要信息，实现种苗交易信息化，提高种苗行业服务水平，促进种苗产业发展。例如，可以为种苗生产者提供品种选择决策服务，避免其跟风种植，为其培育研发独特栽培品种提供参考，从而形成多元化的种苗市场。苗木使用方还可以从种苗质量追溯平台获得适合当地使用的良种信息，而苗木供应方只能将适合区域生长的树种上传到平台，既能提高苗木供需方沟通效率，又能解决林木良种使用率不高的问题，还能保障林木种苗造林实现适地适树。

第四，解决目前林木种苗市场监管水平较低，溯源困难的问题

《种子法》赋予各级林业部门履行种苗市场执法职能，我国拥有种苗机构管理专门部门的省份约占 70%，虽然前期为种苗产业发展起到了一定作

用，但整体上对种苗质量追溯的监管还不到位。主要原因：一是机构不健全，没有专职人员从事质量追溯管理；二是基层种苗工作者普遍缺乏种苗质量追溯的专业技术培训，无从开展追溯工作；三是追溯平台体系还未形成，管理者无法开展质量追溯。建立种苗追溯体系及相应配套制度，有助于解决苗木产业出现的质量问题，为各级管理部门提供监管抓手，提高管理效率，准确找出影响苗木质量的环节。

第二章 国内外质量追溯研究现状与发展趋势

世界各国对于质量追溯体系的相关研究方兴未艾。本章重点梳理了国外发达国家已有产品质量追溯体系现状、我国部分行业产品质量追溯体系现状等，在此基础上分析了产品质量追溯体系未来发展趋势，目的是为形成林木种苗追溯体系提供理论基础与参考。同时，本章在分析质量追溯体系基本理论内容的同时，还结合了种苗行业的特点进行了论述。

第一节　国外产品质量追溯体系现状

欧盟、美国、澳大利亚、日本等国家已在食品、工业、农业等相关行业产品领域建立了较为成熟的质量追溯体系。分析这些产品追溯体系的发展历史、现状等情况，可为构建我国林木种苗追溯体系提供宝贵经验。

一、欧　盟

（一）食　品

1997 年，欧盟委员会首次提出了可追溯的概念，并建立起农产品可追溯体系，保证其农业产品达到高质量。欧盟和各成员国一起执行食物安全管理政策，并成立了欧洲食品安全局对农业食品安全管理承担主要责任，并维护可追溯体系的正常运行。在其农业的诸多行业中，畜牧业的可追溯体系较为典型。欧盟的畜牧业产品可追溯体系主要运用在牛的生产和运输领域。牛肉属于价值较高的产品，个体标记比较容易，因此欧盟的牛肉食品可追溯体系非常完善与严格(食品与发酵工业，2010)。

自 2002 年 1 月 1 日起，所有在欧盟国家上市销售的牛肉产品必须在牛肉产品的标签上标明牛的出生国、饲养国、屠宰场许可号、加工所在国家和加工车间号，否则不允许上市销售。在牛肉加工的每个阶段，必须能够获知下面的信息：牛肉所属牛的产地、把肉同动物或动物种群相联系的参考代码、欧盟批准的对肉类加工的地点(屠宰场和分割场)；在牛肉加工的每一个环节都必须在加工地点之间建立起牛肉进货批号和出货批号的联系(张守文，2019)。每头牛在其出生后，饲养者为其标注终生唯一的识别号码，在饲养的过程中，将饲料来源、兽医防疫、饲养管理等相关信息输入计算机管理系统，这一号码即是牛的"身份证"。"身份证"分为三部分：第一部分送往地方政府管理部门，第二部分保存在养殖场，第三部分随牛进入屠宰场。欧盟及各成员国政府主管部门能够随时通过该系统搜取到相关信息(周峰和徐翔，2007)。在销售阶段，自 2002 年起，欧盟规定店内销售的产品必须具有可追溯标签，标签内容包含：出生国、育肥国别、屠宰国别和分割包装国别等(食品与发酵工业，2010)(图 2-1)。

图 2-1 欧盟牛肉可追溯标签(GS1 in Europe，2015)

　　2004 年，欧盟颁布了 3 部有关食物卫生的法案，即 EC（European Community）第 852/2004 号法案、第 853/2004 号法案、第 854/2004 号法案，其中，EC852/2004 号法案主要协调欧盟各会员国的食品卫生法，从而确保食品在各阶段生产过程有统一的卫生标准，该法案指出应从食品的初级生产开始确保食品生产、加工和销售的整体食品安全，并全面推行危害分析与关键控制点（HACCP）。而 EC 第 853/2004 号法案则是明确了食品可追溯的重要性，并规定除了要遵循 EC 第 178/2002 号法案外，食品经营者还要保证市场上的一切动物性食品都有健康认证或身份标识以供追溯需要（成石，2011）。

　　从 2005 年 1 月 1 日起，凡是在欧盟国家销售的食品必须带有可追溯标签，要具备可追溯性，否则不允许上市销售；不具备可追溯性的食品禁止进口。可追溯性系统相关基本信息应包括下列几项：供货商名称、地址、产品名称，销售对象的名称、地址及其销售产品名称，交易或交货日期；产品的交易量、条形码、其他相关信息（如定量包装或散装、水果或蔬菜种类、原料或加工产品）。相关数据须至少保存 5 年，供追溯时查询（张守文，2019）。

　　欧盟理事会在 2001 年 1 月发表的《食品安全白皮书》中决定加强对食品"从农场到餐桌"的控制，就此开始逐步完善对食用产品追溯的法律法规。欧盟委员会和欧洲议会于 2002 年 1 月 28 日发布了 EC 第 178/2002 号法案，该法案明确了制定欧盟范围统一食品法的基本原则与要求，并且要求建立欧盟食品安全管理局。EC 第 1830/2003 号法案提出了转基因生物体的可溯性和标签及由转基因生物体生产的食品和饲料产品的可溯性，EC 第 224/2009 和第 404/2011 号法案提出对鱼类和水产品的信息进行追溯，要求追溯所有批次的渔产品在生产、加工和分销的每个阶段，EC 第 208/2013 号法案制定了芽菜及其种子的追溯要求。欧盟主要农产品追溯相关法案按出台时间如图 2-2 所示，一系列法律法规保障了欧盟农产品质量安全追溯体系的构建和逐步完善。

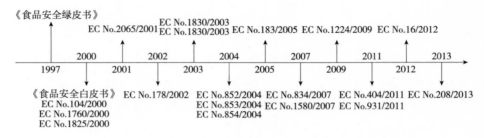

图 2-2　欧盟主要农产品追溯相关法案出台时间表

（二）工　业

西欧是现代工业革命的发源地，现代工业发展历史悠久，种类齐全，经济基础雄厚，拥有熟练的高科技人才。邻近丰富的铁、煤资源和便利的交通促进了西欧工业的发展，使其成为世界工业化最早的地区，现代化工业最发达地区之一。同样，欧盟在工业的可追溯体系建设也较为完善。

以德国为例，位于德国南部的巴伐利亚州东北小镇上的西门子安贝格电子制造厂被誉为德国"工业4.0"模范工厂，它拥有着欧洲最先进的数字化生产平台，是现代工业可追溯体系建设的模范。工厂主要生产可编程逻辑控制器和其他工业自动化产品，在整个生产过程中，无论元件、半成品还是待交付的产品，均有各自编码，从而实现了对每一件工业产品的信息追溯。另外，在产品信息的收集方面，工厂在电路板安装上生产线之后，可全程自动确定每道工序；生产的每个流程(包括焊接、装配或物流包装等)和生产线上一切过程的数据也都记录在案，并且上传以供日后对产品质量进行追溯(文史哲，2015)。

二、美　国

（一）食　品

美国食品安全的监管特点是食品质量安全监督管理由多个部门负责，主要负责的部门有农业部、卫生和公共事业部以及环境保护署。此外，美国的商业部、财政部和联邦贸易委员会也会不同程度地承担对食品质量安全的监管职责。美国先后出台了一系列有关食品安全的法律法规（图2-3）。

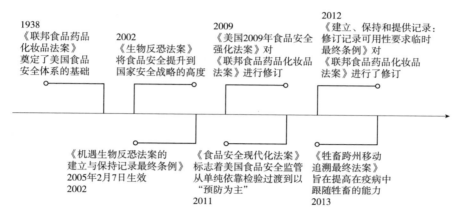

图 2-3 美国主要农产品追溯相关法案

2009 年 7 月 30 日，美国通过了《2009 年食品安全加强法案》，该法案加强了对食品全过程的监管。其中"危害分析和基于风险的预防控制"一节，要求企业以危害分析、风险评估为基础，制定针对性的预防措施，并实施追溯、召回等纠正措施，从而保证了食品安全的法律强制性，完善了食品安全问题中的责任追究环节（赵荣和乔娟，2010）。

2011 年 1 月 4 日，美国通过了《食品和药品管理局食品安全现代化法》（以下简称《食品安全现代化法》），该法案强调了对食品问题的"预防"，强调了"行业自身监管"，强调了"源头"的可追溯性。《食品安全现代化法》对企业的处罚力度更强，促使企业加大保障食品安全的力度（张建斌，2011）。美国实行从联邦、州到地区的垂直化管理方式。这种方式避免了各环节之间的重复或遗漏，也避免了出现"牵一发而动全身"的尴尬局面（闫晶晶，2014）。

不管是政府各部门的协作机制，对市场的监管制度还是相关强制性法案的颁布，美国食品科学行业的可追溯体系建设值得全世界去学习与借鉴。

（二）农林业

美国在 2004 年启动了国家动物标识系统（NAIS），通过对养殖场和动物个体或群体转移进行标识，从而确定各牲畜的出生地和移动信息，进而保证在最终发现外来疾病的情况下，能够 48 小时内确定与相关牲畜有过接触的所有企业（食品与发酵工业，2010）。

美国对林木种苗也建立了可追溯体系。例如，北美洲的冬青落叶灌木，具有极高的观赏价值，但是在冷链过程中极易发生变质。通过无线多传感器系统，可以准确地对北美冬青冷链鲜切枝条物流过程中的温度、相对湿度、二氧化碳浓度和乙烯等关键环境参数进行监测，并能稳定地传输数据。收到相关数据后，该可追溯系统可以通过跟踪分析关键环境参数来改善质量控制，并提供预警，由此，将枝条的质量损失从 25%～30%下降至 15%以下（Wang Xiang et al.，2018）。

美国采用的这种基于无线多传感器的可追溯系统对我国建设林木种苗可追溯体系具有一定的借鉴作用，尤其是在苗圃进行的种苗培育环节和种苗冷链运输环节，都可以采用无线传感器技术对关键环境运输进行实时监测、反馈和调节，从而做到提高出芽率、运输成活率等。

（三）钢铁工业

作为一个复杂加工业的代表性行业，钢铁行业是国家经济的重要来源，对于美国这样一个高度工业化的国家而言，它更是国民经济的支撑行业。所以，当钢铁行业一度处于一个下滑和污染严重的情形之下时，其行业对钢铁可追溯体系的需求便越来越大。目前，美国有很多运用于钢铁行业可追溯体系建设的技术，其中区块链技术和物联网技术最为普遍。

区块链技术可以通过利用分布式储存体系结构共享钢铁制作过程中的数据。通过区块链连接，"瀑布效应"、信息加密、共识算法、智能合约等技术解决钢铁制造业在信息收集、循环和共享过程中的信息可追溯性问题（Cao Y，2020）。

物联网技术是指通过二维码识读设备、射频识别（RFID）装置、红外感应器、全球定位系统（GPS）、激光扫描器等信息传感设备，按约定的协议，把任何物品与互联网连接起来，进行信息交换和通讯，以实现智能化识别、定位、跟踪、监控和管理的一种网络（D. Brock，2001）。利用其 RFID

可以记录下钢铁制作过程中的一切设备的使用地点和时间，解决了钢铁行业中，对设备使用时间和地点的追溯问题，对美国钢铁行业可追溯体系的建设具有极大的推动作用（图2-4）。

图2-4 RFID电子标签（智能制造网，2022）

区块链技术的产生给美国物联网平台信息、管理和交易等的安全提供了新的解决方案。同时，美国物联网平台也可以解决区块链上传信息的真实性、可用性和完整性等问题。

三、澳大利亚

（一）食 品

澳大利亚的牛肉高度依赖出口，是世界最大的牛肉出口国之一。为了保证畜产品的质量安全和保持牛肉的高标准，让他国对其肉类食品的质量情况放心，澳大利亚政府和行业要确保澳大利亚牛肉行业在世界牲畜追溯体系上的领先地位（张春燕等，2014）。

澳大利亚实行的可追溯体系称为：国家牲畜标识计划（National Livestock Identification Scheme，NLIS）。NLIS是一个永久的身份追溯系统，利用经过NLIS认证的耳标或瘤胃标识球可以全程追踪家畜从出生到屠宰的身体情况和有关信息（食品与发酵工业，2010）。澳大利亚在具体实施牛肉可追溯体系管理机制方面主要采取两个层面的具体管理，一是联邦政府层面，政府建立NLIS系统，由农林渔业部负责制定生物安全和动物健康政策等条文；二是州层面，澳大利亚有 6 个州和 2 个领地，各州、领地可以制定或调整本辖区的法律，以满足牲畜追溯的要求。州第一产业部负责本地区的动物疫病控制工作，州第一产业部下属的生物安全中心具体指导追溯工作开展，并负责 NLIS 系统本地数据中心的运行和维护（张春燕等，2014）。

苏格兰从 2020 年至 2022 年，为每一只奶牛佩戴黄色标签，其本质是一个电子无线电识别装置，用于传递奶牛每天的体重，将检测到的单只牛的活动情况等数据上传（图 2-5）。政府存档这些数据并将其用于环境安全、质量控制以及对日后食品安全的追溯。此外，澳大利亚联邦政府还与肉类产业代表成立了国家肉品安全委员会，目的是确保所有牛肉产品从农场到消费者的过程中，都能达到最高的安全和卫生标准。此外，澳大利亚对牛肉实施全程可追溯，对肉牛的出生、育肥、免疫、屠宰、加工和销售等过程实施全程信息跟踪。建立起完整的牛肉可追溯体系不仅可以保证消费者了解牛肉质量情况，而且可以及时控制疫病的蔓延，迅速找到病原，避免损失（张春燕等，2014）。

图 2-5　苏格兰牛佩戴耳标（Andrew Meredith，2018）

（二）工　业

澳大利亚的工业以矿业、制造业和建筑业为主，是世界上工业化程度最高的国家之一，工业产值约占国内生产总值的 35%，从业人员约占总就业人员的 40%。发展工业可追溯体系被认为是澳大利亚工业未来的必经之路。最近几年，澳大利亚的制造业发展很快，产品包括汽车、纺织品和化学制品等。其中，其汽车行业的可追溯体系较为典型。

澳大利亚对汽车产品按照国际惯例建立了完善的市场准入管理制度。总体而言，澳大利亚对其汽车技术法规的实施采取产品型式批准制度，但在具体操作上是介于欧洲型式批准和美国自我认证之间的一种认证批准方式（朱毅，2011）。澳大利亚汽车产品市场准入管理的具体流程为：首先由厂家根据相关的汽车技术法规（ATR，Auto Technical Regulation）对某一新车型进行所要求的试验，再将试验结果和其他有关车辆的资料送交车辆安全标准处（VSS，Vehicle Safety Standards）进行审查，经过审查，证明该车型符合有关 ATR 的要求后，即可由 VSS 颁发车辆型式批准。对于已获得型式批准的车型，每一辆车辆都必须带有批准的识别标牌（identification plate，其正式名称为符合性标牌 compliance plate），表示该车辆已通过澳大利亚汽车产品型式批准，证明其符合有关澳大利亚汽车技术法规。带有符合性标牌的车辆即可获得注册，上路行驶（朱毅，2011）。

澳大利亚汽车产品型式批准制度中最典型的特点是完全实现了电子化管理。车辆生产厂家在对某一新车型自行完成型式批准试验后，即将试验结果以 SE 表格的形式输入计算机，SE 表格称为"证据汇总表（summary of evidence）"，针对每一项 ATR，填写一份 SE 表格。这些表格填好后，通过因特网发送 VSS，这就相当于车辆生产厂家向政府报告自行进行的型式批准试验结果，以向政府证明其车辆符合有关 ATR 的要求。VSS 收到这些电子材料后，将其存入专门的数据库内，并用计算机专用处理程序辅助进行审查，一旦发现问题，则以"讨论项目（discussion items）"的格式通过因特网与车辆生产厂家进行双向交流，直到所有问题核实无误后，VSS 即向厂家颁发型式批准，在签发书面批准证书的同时，将电子化的批准证书通过因特网发送给车辆生产厂家，这使汽车产品型式批准的周期从原来的 90 个工作日缩短为 32 个工作日（朱毅，2011）。

澳大利亚的这种厂家自行进行批准实验，并且上报实验结果和其他车辆有关信息到 VSS 再上传至专门数据库的汽车行业运行模式，在保证了汽车相关信息的可追溯性的同时，也缩短了行业运行的周期，提高了行业生产效率。

四、日　本

（一）食　品

日本是一个对食品安全的要求近乎苛刻的国家，政府会利用一切手段让消费者了解更多购买产品的信息，几十年经验的积累也形成了一整套行之有效的公共食品安全管理系统（钟志，2019b）。

早在 1947 年，日本就制定了《食品卫生法》，并先后进行了 10 多次修改。2003 年 4 月，日本农林水产省发布了《食品安全可追溯制度指南》（以下简称《指南》），用于指导食品生产经营企业建立食品可追溯制度，《指南》先后经过 2007 年和 2010 年两次修改和完善。《指南》规定了农产品生产和食品加工、流通企业建立食品安全可追溯体系应当注意的事项。农林水产省还根据《指南》制定了不同产品如蔬菜、水果、鸡蛋、鸡肉、猪肉等可追溯体系以及生产、加工、流通不同阶段的操作指南。根据这些规定，日本全国各地的农产品生产和食品加工、流通企业纷纷建立了适合自身特点的食品可追溯体系。例如，日本对牛肉和大米强制实行可追溯制度，进行全程可追溯，其他产品是根据自身情况实行可追溯制度（张守文，2019）。

2006 年，日本新修订了《食品卫生法》，开始实施关于食品中残留农药的"肯定列表制度"，将设定残留限量标准的对象从原先的 288 种增加到 799 种，而且必须定期对所有农药和动物药品残留量进行抽检（钟志，2019a）。

食品安全监管体系方面，日本采取食品安全委员会、农林水产省和劳动厚生省三方制衡的食品安全监管体系。其中，食品安全委员会主要负责对食品进行风险评估，审议并监督相关政策的执行情况。同时，中央和地方政府则负责对进口食品进行安全检查等工作（闫晶晶，2014）。

追溯方面，为了使消费者放心，日本建立了农产品生产履历管理系统，要求生产、流通等各部门采用电子标签，详细记载产品生产和流通过程的各种数据，让消费者了解更多关于产品的信息。日本对所有农产品实施可追溯管理模式，日本农业协同组合（简称农协）下属的各地农户，必须记录米、面、果蔬、肉制品和乳制品等农产品的生产者，农田所在地，使用的农药和肥料、使用次数，收获和出售日期等信息。农协收集这些信息，并且为每种农产品分配一个"身份证"号码，整理成数据库并开设网页供消费者查询（钟志，2019b）。

农产品有了"身份证"后，可追溯管理模式就变得易于操作。食品供货链上的所有企业会陆续加入原材料、添加剂等信息，并有义务保管这些信息3年。在零售店里，每种产品都必须醒目地标出"身份证"号码，消费者可在店内的查询终端输入这个号码，查询到有关这一产品的生产和流通信息。在食品超市中，会发现常见的蔬菜和水果（如青椒、菠菜、茄子、黄瓜、山药、红薯、梨等）都至少有一个品牌配有这种提供生产者详细信息的标签。通过标签，消费者了解的信息更加丰富（钟志，2019b）。

在日本，通过条码技术，消费者还可以通过电脑或者手机查到食品的"身世"甚至生产者照片等更多信息。消费者只需要用手机扫描一下识别码，农产品的栽培方法、用药情况，甚至是栽培者的照片都能一一呈现（钟志，2019b）。

另外，日本政府通过新立法，要求肉牛业实施强制性的零售点到农场的追溯体系，系统允许消费者通过互联网输入包装盒上的牛身份号码来获取牛的原始信息。并且，法案要求肉类加工者在屠宰时采集并保存家畜的DNA样本（食品与发酵工业，2010）。

（二）工　业

日本是世界上经济发达的资本主义国家，其主要工业部门有钢铁、汽车、造船、电子、化学和纺织工业等。其工业生产总值在全国生产总值占有很大的比重。因此，日本不仅仅在农业食品行业具有成熟的可追溯体系，其对工业可追溯性的要求也十分严苛。

作为岛国，日本是世界造船强国。同时，其船舶标准化领域在亚洲影响最大。因此，日本在船舶行业的可追溯体系建设比较具有代表性。在日本，主管船舶标准的是日本工业标准调查会（JISC）。JISC船舶技术委员会是日本工业标准调查会所属负责船舶技术领域标准制定与审查等事务的专业机构。船舶技术委员会标准化业务范围包括船体、舾装、机械设备、电气设备、航海仪器等专业领域相关日本工业标准（JIS）的制定，以及 ISO/IEC 国际标准化发展的整体应对。截至 2015 年底，日本船舶技术委员会共制定日本船舶工业标准（JISF）399 项。这为船舶行业的可追溯性提供了基础（曾红莉和秦富生，2016）。

第二节　国内部分行业产品质量追溯体系

我国于 2004 年开始食品安全可追溯体系的建设（郑火国，2012）。目前，在山东、北京、上海、南京等地先后对肉类蔬菜等农产品建立了质量安全可追溯体系及平台（闫晶晶，2014）。例如，国家食品（产品）安全追溯平台（http://www.chinatrace.org/），北京市农业局食用农产品质量安全追溯系统（http://www.bjnyzs.cn/），上海市食用农产品流通安全追溯系统（http://db.shian.sww.sh.gov.cn）等。

一、农　业

（一）猪　肉

我国已建立了相对成熟的猪肉质量可追溯体系，现以一案例说明其追溯过程（刘增金，2015）。生猪屠宰加工环节与实现猪肉溯源直接相关的几项工作包括生猪入厂验收、录入内部系统和生猪胴体标识。

生猪入场验收：生猪入场前由农业部门安排长期驻场的官方检疫人员检查各种票据，需保证生猪检疫合格证与生猪耳标号一致才能卸车。生猪卸车后会被赶入指定待宰圈中，由于生猪屠宰加工企业与生猪购销商之间实行宰后定级结算，因此屠宰企业有足够动力将生猪批次号与生猪购销商一一对应起来，这对溯源的实现具有非常重要的作用。

录入内部系统：在生猪收购和屠宰阶段，需要将猪源编号（包括生猪购销商、养猪场户、合作社或养殖基地编号）和其他生猪溯源信息录入企业内部系统。在猪肉销售阶段，需要将销售点编号和猪肉类型等信息录入企业内部系统。

生猪酮体标识：屠宰企业通过胴体标识将生猪的猪源编号与猪肉的销售点编号一一对应起来，并将相关信息按相关政府部门要求上传到政府可追溯系统平台。

追溯体系的监管设备：猪肉可追溯体系建设在企业内部关键节点安装摄像头，相关视频信息存储在政府部门的数据库里并可随时调取查看，这加强了对企业质量安全行为的监控，因为若发现猪肉出现质量安全问题，生猪屠宰加工企业是第一责任人，监控加强会促使企业在生猪和猪肉质量安全检测方面更加严格。

（二）牛　肉

牛只从出生到销售，所经过的不同饲养地点或停留地及与此相关的饲养、检疫、防疫、消毒和疾病等信息，都必须通过加贴新的标签方式记载在牛的身份证上。这些信息同时也通过相应的生产链环节追溯管理子系统记入国家肉牛信息数据库中，从而可保证各级政府管理部门随时了解牛只所处的位置和状态，实现对肉牛生产链过程的全程质量安全监管。对于分装好的牛肉产品，消费者可通过设在超市的终端查询机、手机或登录"中国牛肉质量安全可追溯系统"专用网站；对于非包装形式的牛肉产品，消费者可以通过销售商索取牛肉销售标签，并从终端查询机获得该产品的相关追溯信息。但是，知道的人少之又少（魏秀莲等，2012）。

国内学者在借鉴法国、澳大利亚等发达国家经验的基础上，提出了中国肉牛生产全程质量安全追溯体系的技术框架结构（栾汝朋等，2012）。具体包括以下 5 个方面。

1. 信息的传输与更新

肉牛产业具有生产链条长、运转周期长、涉及环节多的特点，全程质量安全追溯系统在运行过程中，信息的记录、传递、上报存在许多关键环节。通过细化流程，肉牛生产过程被细化为多个连续的子系统环节，不同类型的企业及农户生产划归于各子系统环节进行管理，各子系统分别与中央系统通过互联网进行数据更新上报，子系统内部及子系统之间通过 RFID 标签以及条码技术进行信息记录及传递，由此实现了信息的及时传递和上报。

2. 带犊母牛环节

带犊母牛饲养管理追溯子系统包括基于 RFID 芯片的犊牛耳标及其指标管理模块，犊牛身份证管理模块，基于双协议的手持机信息写入、储存、传输数据管理模块和带犊母牛场系统管理平台。

3. 肉牛育肥环节

通过 RFID 耳标的信息识别、手持机读写、串口通信和数据的同步传输，实现对肉牛育肥场的电子化管理，满足肉牛质量安全追溯的需要。牛只必须佩戴唯一电子耳标。通过 RFID 手持机实现准确采集牛只的信息，对采集的信息进行模块管理并对敏感信息提供报警服务，并将牛只在育肥场的有关资料同步上传至中央数据管理系统，以实现溯源查询。

4. 肉牛屠宰环节

根据肉牛进入屠宰场后经历的各个环节的特点，建立基于 RFID 与条码技术相结合的肉牛屠宰场追溯系统。屠宰子系统共包括 5 个管理模块：采购信息管理模块，待宰牛信息管理模块，屠宰线管理模块（称牛活重、胴体管理、排酸管理和分割包装管理），RFID 手持设备、二维码识读设备等数据同步管理模块和同国家数据库信息同步管理模块等。在分割前将牛只身份信息通过 RFID 电子芯片记录并传递信息，分割时将 RFID 电子芯片的信息通过系统自动转换生成条码信息，此后以条码方式对分割、切块、加工、包装、冷藏、销售等过程的信息进行跟踪与追溯。

5. 安全追溯管理和查询环节

当商品牛肉进入超市销售时，每块牛肉包装上都会带有来自屠宰场的条码标签。根据条码标签号码，消费者可以查询到分割牛肉个体的各项基本追溯信息。采用多途径终端查询手段。利用现代信息技术，不同终端客户可以选用不同的查询途径进行牛肉产品的追溯查询。查询的形式包括网站查询、终端查询机扫描查询、手机短信息查询和电话语音查询等形式。

（三）蔬　菜

我国自 1988 年实施菜篮子工程，蔬菜产品产量大幅增长，品种日益丰富，质量不断提高，市场体系逐步完善。随着城市居民消费结构升级，人们不仅对菜篮子产品的需求趋于多元化，而且更关注吃得安全放心、营养健康。但也曾出现过"毒韭菜""毒大蒜""毒香肠""毒大米""毒腐竹"等各类食品安全事件，对人们身体健康甚至生命造成了威胁。2010 年，国家出台了《国务院办公厅关于统筹推进新一轮"菜篮子"工程建设的意见》，其中指出五年内要实现"菜篮子产品基本实现可追溯，质量安全水平显著提高"（陈仁泽，2010）。

由于林木种苗的生产与农业有相似性，下文列举了我国吉林省蔬菜生产可追溯的案例，说明了蔬菜从种植基地、加工、运输、销售等环节的可追溯体系（闫晶晶，2014）。

吉林省蔬菜质量可追溯体系以蔬菜的生产流通过程为线索，确定了影响蔬菜质量安全的因素包括：从蔬菜产前生产环境，产中农业投入品及产后加工、储运 3 方面，确定了产地环境、水分管理、肥料管理、病虫害防治、包装和储藏 6 个关键要素。另外，以无公害蔬菜为标准，确定了蔬菜产地环境中土壤、空气、灌溉水的质量标准和主要的农药残留指标。

以长春市绿园区合心镇新农家村蔬菜基地为例，目前蔬菜基地养殖和销售现状是蔬菜种植人群主要是个体户，以种植叶类蔬菜和平菇为主。叶类蔬菜以菠菜、茼蒿、香菜的种植量最大。叶类蔬菜的种植期比较短，一般为 20 天到 2 个月。该蔬菜基地在叶菜种植期间，不使用或只使用一两次低毒农药，基本没有农药残留问题；肥料主要施用鸡粪等有机肥，期间不再使用其他任何肥料。但种植期间施用的有机肥鸡粪并不是每次都经过处理。因此，蔬菜可能会受到重金属和致病微生物的污染。蔬菜成熟后，会有去黄叶、去根、打捆等简单处理，然后将蔬菜全部用冷水浸透清洗，以减缓蔬菜的萎蔫程度。收获后的蔬菜偶尔会有相关质检部门进行抽检，但是质检部门对大棚蔬菜每年只进行 2 次抽检，不能做到每茬必检的程度。处理好的蔬菜主要销往批发市场。批发市场对蔬菜有简单的分级措施，但是没有具体的分级标准，只是根据外观状态进行简单的分级，期间没有进行数据记录、上传等保障可追溯的程序，还处于传统的养殖和销售模式。

另一个例子是吉林四平市梨树县梨树镇高家村蔬菜基地，其采取"农民合作社+基地+农户+标准"的"四位一体"的组织形式，基地面积为1000亩①，种植黄瓜、豆角、甜瓜、茄子、辣椒等品种。其中，黄瓜和豆角为主要种植品种。基地采取统一制定生产计划、统一发放农资、统一培训、统一收购的"四统一"管理方式。日光大棚在每年的11月到次年3月是闲置阶段，用于进行大棚的消毒和预肥工作；种植过程所需农药和肥料在几个供应商之间循环购买，以保证其使用效果；收获蔬菜主要销往长春、吉林、哈尔滨、大庆、大连、沈阳、辽源等地的批发市场。目前，吉林省还不能实现"农超对接"，需要进一步加深品牌的影响度。该基地计划建立追溯信息管理平台，蔬菜质量安全的可追溯尚未实现。

蔬菜全生命周期主要安全风险存在于生产、加工、运输、贮藏、销售等多个环节，下面对各个环节进行安全风险分析。

1. 生产环节

蔬菜产前生产环境主要包括土壤、空气、水三部分。如果蔬菜长期生长在受污染的环境中，其体内会慢慢蓄积重金属、有毒化合物等对身体有害的物质。如果人类摄入该种蔬菜就有可能发生中毒事件。土壤污染处理采取实时监督的预防措施来避免。空气污染主要来源于工业废气、生活废气、汽车尾气等，其污染物主要有二氧化硫、氟化物、臭氧、乙烯、氮氧化物等。目前，已采取改善工业生产工艺等措施进行空气污染的防治。水污染主要来自工业废水和生活污水，污染物主要有酸碱类物质、重金属、氰化物、氟化物、酚类化合物、致病微生物等。目前，除了减少工业污水和生活废水的排放，还可以将污水经过多次过滤处理再次应用到蔬菜灌溉中。

农业投放物主要包括肥料，农药，农膜等，也可能对种苗生长环境造成破坏。由于农药能够预防、消灭或减轻蔬菜病虫害，因此蔬菜种植过程

---

① 1亩=1/15公顷。以下同。

中农药的使用不可避免。但是由于农药的特性，其在使用时，20%~30%进入到大气和水中，造成空气和水的污染；50%~60%滞留在土壤中，破坏土壤的组织结构。同时，农药对生物的伤害没有选择性，不仅能杀死病虫害，也会伤害对人们有益的生物，而且长期使用同一种农药还会增强病虫害对农药的抗药性。另外，农药的广泛使用还通过各种途径进入人体，对人体造成伤害。因此，提高农药利用率是最直接有效的办法。

肥料主要包括化肥和有机肥，其使用不仅能够提高土壤肥力，还能提高蔬菜单位面积产量。但我国化肥的利用率一直不高，其中，氮肥的利用率仅为35%，磷肥的利用率低于25%。不合理的使用肥料，不仅造成了一定程度的环境污染，还降低了蔬菜质量。长期过量使用化肥，会使土壤的物理性质恶化，还会使附近的地下水中亚硝酸盐含量增高。相比于化肥，有机肥更有利于养分供给的平衡，因此现在提倡使用有机肥。但不合理的使用有机肥，同样会危害人类健康。有机肥中95%为不能被蔬菜直接吸收利用的有机态氮，并且可能含有大肠杆菌、蛔虫卵等致病微生物，因此需要经过腐熟加工处理才能运用到蔬菜种植中。

农膜的使用可以改变蔬菜的生长环境，减少杂草滋生，提高蔬菜产量。农膜(大棚覆盖膜)厚度一般为0.1mm左右，可以回收再利用，故对土地的残留污染程度轻。地膜厚度一般为0.004~0.008mm，易破碎，回收利用难。抽样调查表明，地膜回收率60%左右，土地残留量大，污染重。土地中的残膜具有稳定、不易降解的特点，不仅降低了土壤的渗透性，阻碍了作物根系的正常伸展与发育，而且残膜对作物种子萌发以及幼苗的生产还有一定的毒害作用。

2. 加工，运输及贮藏环节

这些环节中蔬菜可能受到微生物污染、化学污染以及二次污染。

微生物污染主要可能发生在蔬菜加工、储运等环节。蔬菜加工过程中可能会有操作不当造成的微生物污染。如果蔬菜在储运过程中发生任何于安全卫生不当的措施，或是蔬菜储运过程中的配套设施满足不了对蔬菜质量安全的保障需求，都会导致多种微生物污染蔬菜。这些微生物有蔬菜给其提供适宜的存活条件，在大量生长繁殖的同时还会产生毒素。当被微生物污染的蔬菜被人们食用进入体内时，便会造成消化道细菌感染或微生物毒素引起的急性中毒。

化学污染主要发生在包装、储运等环节。蔬菜包装过程中，其包装材料可能含有害化学物，从而造成蔬菜的污染。在储运环节中，一是低温仓库、保温车等冷藏设备在清洗时洗涤剂等化学物质没有被清洗彻底，可能会产生化学污染；二是蔬菜经营者为了蔬菜保鲜，使用可能有毒的化工试剂处理蔬菜，导致蔬菜受到化学污染。

另外，蔬菜在销售之前可能还会受到使用污水浸泡、清洗等不当操作带来的二次污染。

3. 销售环节

以超市为销售方式的情况下，安全风险不大。但在以菜市场或小贩形式的销售方式下，由于销售地点的卫生环境的不同决定了蔬菜是否会出现二次污染。

另外，合格的蔬菜质量安全可追溯系统的主要组成应当有：蔬菜种植者、蔬菜加工者、蔬菜流通环节参与者、消费者、食品监管部门以及追溯系统管理机构，他们的职责分别如下。

蔬菜种植者：将蔬菜种植相关信息(基地环境、种植者、种植过程等)录入蔬菜质量安全可追溯系统，并将这些信息传递给数据中心以及蔬菜供应链中的下游企业。

蔬菜加工者：将蔬菜加工过程的信息(加工环境、加工人员、产品质检、销售等)录入蔬菜质量安全可追溯系统，并将这些信息传递给数据中心以及蔬菜供应链中的下游企业。

蔬菜流通环节参与者：将蔬菜流通过程的信息(储存地点、储存环境、蔬菜位置变化等)录入蔬菜质量安全可追溯系统，并将这些信息传递给数据中心以及蔬菜供应链中的下游企业。

消费者：可以通过蔬菜可追溯系统对蔬菜供应链信息进行查询、对蔬菜质量进行投诉、对蔬菜相关标准进行查阅等。

食品监管部门：对蔬菜生产、加工、流通等环节数据的录入以及蔬菜最终质量进行监督检查。

追溯系统管理机构：对蔬菜质量安全可追溯系统进行日常维护，还负责系统用户权限的分配以及信息录入的监控。

蔬菜产业可追溯还形成了"四化"：企业组织化(北京天安、北京方圆、寿光欧亚和淄博众得利4个企业都采用"公司+合作社+基地+农户"的组织形式)；蔬菜标准化(ISO9001质量管理体系对达到标准的产品予以认证，危害分析与关键控制点(HACCP)对原料、关键生产工序及影响产品安全的人为因素进行分析，确定加工过程中的关键环节，建立、完善监控程序和监控标准，采取规范的纠正措施，良好生产规范(GAP)针对大多数果蔬的种植、采收、清洗、摆放、包装和运输过程中常见的微生物的危害控制)；蔬菜管理产业化(规模化统一包装，销售等)；企业管理信息化(记录各环节数据，包括RFID采集种植环境的各个因素，全球定位系统(GPS)物流的方向和来往次数，销售反馈等等)。

以上内容可以为林木种苗追溯体系的建立提供有价值的参考。

二、工 业

在我国工业生产中，直接标识应用非常广泛，大量的直接标识技术应用于机械工程、电子制造、自动化等行业。典型的例子是(汽车)零部件的标识，便于日后的产品跟踪和质量追踪。汽车质量的好坏成为汽车厂商优先考虑的因素，汽车零部件的标识则为他们追本溯源提供了很好的信息来源，可以很快地追踪到问题零部件的产地、数量、生产时间的信息。

有3种常见的方法可以把产品的相关信息直接标记到产品上(张凯，2016)。①激光蚀刻：将产品的相关信息用激光蚀刻到产品表面。这种方法在电子行业应用较多，比如，在印刷电路板(PCBs)上做产品信息标记。②针孔打标机：用针状物将数据信息刻在零部件上。这种方法使得标识经久耐用、不易损坏，金属零部件的标识常用此方法。③喷墨标记：通过喷墨的方法将数据记录在产品上。这种标识方法在初始的阶段清晰度较高，但随着时间的推移不易长久保留。

另外，在ISO9001质量管理体系中明确了"标识和可追溯性"要求，在ISO/TS16949质量管理体系中对该条款又做了进一步明确的要求。《质量管理体系基础和术语》中对可追溯性的解释是：追踪所考虑对象的历史、应用情况或所处位置的能力。这句话主要包括三个方面的含义：原材料和零部件的来源、加工的历史情况以及产品交付后的发送和所处的位置。"可追溯性"就是要求对产品（零件）能够追溯到其所使用的原材料信息、加工信息、装配信息、交付以及运输等信息，通俗地讲就是能够对整个过程追本溯源。

汽轮机组、重型燃气轮机组以及核电机组是国家重点培育突破的领域，是中国装备制造做大做强、走出去的重点行业之一。《中华人民共和国国民经济和社会发展第十三个五年规划纲要》中第一项便是航空发动机和燃气轮机。随着我国清洁能源的发展需要，燃气轮机已成为我国的战略性新兴产业，是国家"十三五"规划重点打造的高端装备项目，而核电汽轮机，是中国清洁能源建设的重要一环，对我国能源结构的重新布局和优化有着十分重要的作用（张凯，2016）。汽轮机的产品质量要求非常高，其各生产部件要求实现质量可追溯。

汽轮机是将蒸汽的热能转换为机械能的叶轮式旋转原动机，是主要用作发电用的原动机，其主要构成部分是转子、汽缸、叶片、轴承、隔板、汽封、执行机构等。其产品特点是结构复杂、零部件数量多、加工要求高以及生产周期长。特别是汽轮机中小零部件的生产加工，属于典型的多品种小批量生产，具有计划难度高、流程管控复杂、生产周期长短不一、质量追溯困难等特点。对于核心的零部件，比如，汽轮机的转子、汽缸等零件，因为零件数量少、加工时间长、对产品影响大，工厂有专门的质量管控措施，质量追溯简单。但对于数量几千倍甚至于几万倍的中小零部件，一旦在产品质量上出现问题，追溯起来就不那么简单了。汽轮机的中小零部件因为生产的需要，往往存在着相互借用、调用的情况，一个生产批次的零部件可能会用在多台汽轮机机组上。当生产的零件出现质量异常或发货的产品出现质量问题时，如何能方便快捷地查找出哪个批次的零件出现了问题成为摆在企业质量管理方面的难题。

目前，主要存在的追溯方式是对现有大量的领用单、工作票等纸质单据记录的信息展开过滤、清查。但是这种追溯方式的不足在于效率低下，不能及时发现问题，还浪费了大量的人力成本和时间成本，不但影响了企业的质量声誉，而且还增加了企业的售后成本。但随着人民物质生活水平的提高和市场竞争的加剧，企业面临着越来越多的挑战。消费者的需求越来越个性化和多样化，企业的人工、材料和管理成本居高不下，环境、资源的压力越来越大，因此对企业产品制造过程的生产控制和管理效率提出了更高要求，对生产过程中的信息采集、传输和处理等环节都提出了更高的实时性和可靠性要求（贺长鹏等，2014）。

国内学者指出，生产制造型企业可以通过使用条码技术，帮助制造车间根据自身库存布局实际搭建相应的跟踪环境。通过基于 Web 的应用开发，将车间的库存信息进行有效整合，实现库存资源的信息化管理。通过一定的方法改进立体库存动态货位分配，帮助企业提高库存的作业效率。通过优化物料的配送路径，实现及时地响应车间的物料需求。最后，通过建立的质量可追溯软件平台，实现车间库存的高效管理与控制（马永杰等，2008；党立伟等，2013）。

三、医药业

随着经济的持续快速增长，人们生活水平不断提高，消费者在购物时不再仅仅关注商品的价格、种类等基本需求，而更加关注商品的质量和安全性。医药行业与人们的生活直接相关，药品安全直接影响人们的生命健康。随着医疗保障制度逐渐完善、人口老龄化问题日益突出，药品需求量逐年增加。但近几年来假冒伪劣问题不断出现，如"长生疫苗事件""劣质阿胶事件""三聚氰胺"等，使消费者对药品质量安全的质疑与敏感度显著提高（安国庆，2019）。

目前，消费者在查询药品流通过程的溯源信息时，只能通过药品上的商标、文字描述等信息来判断来源。而我国医药供应链中不同环节业务活动相互独立，数据信息由各环节相应的业务主体存储，信息共享程度低，同时采用以政府机构为中心化管理的监管模式，数据可伪造、可篡改问题仍旧存在，假冒伪劣药品也难以分辨，导致核心制药企业声誉受损，消费者的权益也无法保障。如何提高医药制造与运输数据信息的真实性和有效性成为医药供应链溯源领域的研究重点。

（一）区块链技术

区块链技术是多种技术结合的互联网新兴产物，在一定程度上可解决多方信任、信息不对称、信息篡改等问题，同时通过智能合约实现流程自动化，目前已被多个领域研究并且应用。

区块链技术的出现为解决目前医药防伪溯源系统存在的数据易篡改、信息不完整以及信息私密性等问题提供了一个新的思路。区块链所具有的去中心化的性质就是它的核心优势（郝琨等，2017）。再结合密码学技术，将每一个区块通过区块头内的前一个区块的哈希值串联成链，且区块链上的每个节点都保存一份相同的账本，保证存储在区块链上的数据很难被篡改（Chen Y et al. ，2018）。其次，药品流通过程中的每个参与者都可以通过链码功能对药品信息进行记录，得到药品从生产到使用的全部信息，保证数据流的可靠性与完整性（Chen S et al. ，2017）。区块链中联盟链具有用户非授权不能接入的特点，作为联盟链代表的 Fabric 区块链平台具有基于证书认证的账号体系，各组织的账号是根据 PKI（公钥基础设施）规范生成的一组证书和密钥文件，在查询者发起查询请求时，Fabric 则会发起对提案消息的验证，包括对组织账号、通道信息及链码地址的认证，账号体系结合链码功能可以保证数据信息的私密性（董贵山等，2018）。

基于区块链的医药防伪溯源系统将药品生产各主题纳入了 Fabric 区块链平台中。首先，依据系统的功能需求将医药厂、经销商、医院作为组织加入 Fabric 网络中，使用文件配置的方法完成 Fabric 环境的多机部署，使其具有链码的运行环境。然后，开发并部署链码，在终端或者客户端将药品的生产、销售及使用信息通过各组织内经过认证的用户账号加密后上传到区块链。最后，开发客户端程序，消费者经由客户端通过药品溯源码发起查询请求，实现药品溯源信息在网页的查询（禹忠等，2019）。

该追溯手段实现了药品的全过程可追溯，并且可追溯到链上的每一个参与者，保障了医药防伪溯源信息的透明度，保证消费者能通过查询药品的溯源码了解到药品从生产到使用的全部信息。林木种苗生产也可以使用区块链技术，特别是针对一些珍贵树种或价值比较高的种苗产品，可起到有效追踪作用。

（二）STM 和 GPS 技术

该技术是一个基于 STM（specific transmission modulo，特殊运输模块）的冷链物流全程可追溯系统，在苗木生产或运输过程中，也需要保证其在合适的环境条件下进行。医药疫苗冷链物流指的是需要冷藏冷冻的医药疫苗从生产开始，在贮藏、运输、销售直至最终使用前的各个环节中都必须保证在规定的低温环境下，防止因升温产生异变，从而确保医药疫苗的药效的一项系统工程。它是随着现代科学技术，特别是冷冻冷藏技术的成熟，以及现代物流业的发展而建立起来的（王进等，2016）。如果医药疫苗冷链物流出现问题，不仅仅会造成巨大经济损失，更会威胁广大接种疫苗人士的生命健康。但国内关于医药疫苗冷链全程温控和定位方面的研究与应用还比较少。

STM 系统实现了对疫苗运输过程中的温度信息和位置信息进行实时监控，减少疫苗冷链过程中突发的"断链"损失，对保证疫苗产品的质量安全、减少物流成本和货损成本、提高运输效率等方面具有非常积极的现实意义。所采集的数据可以作为疫苗安全监控部门完整的信息依据；疫苗运输的全程定位跟踪，为特殊情况的发生做好应急响应；良好的运输环境，为疫苗的接种者提供安全保障（王进等，2016）。

此外，医药疫苗特殊性和冷链物流全程低温运输的特点决定了系统必须大幅改进传统的单一温度记录仪实现方式，转而建立基于物联网的全程温度监控、GPS 定位的实时监控信息平台。实现对冷链物流的温度、位置等信息的全过程实时监控，重点分析医药疫苗冷链物流的全程可追溯，促进医药疫苗在实时监管、冷链物流方面的研究与发展。

通过成熟的物联网，大幅革新现有的温度监控手段，在整个生产流程管理和冷链物流管理过程中，将温湿度情况记录在带有温湿度传感器的存储模块中，然后通过天线分组交换技术（GPRS）模块上传到上位机端，通过上位机的后期存储、加工和处理，最终实现整个疫苗运输过程的实时监管。同时，将过往的环境温湿度数据和 GPS 数据进行严格的监控、记录、分析和决策，并通过上传到物联网云管理信息平台，最终通过专业的软件对数据进行分析和输出。

通过该监测平台，主要可以实现温度曲线监控以及温度自动报警。温度曲线监控可实时监控某一车辆或某一货物（该货物已与温度标签绑定）的温度并通过曲线方式反映在屏幕上。

第三节　国内产品质量追溯体系存在的问题及发展趋势

我国已在农业、工业及医药业领域开展了多年的产品质量追溯工作，为保障产品质量及消费者合法权益及健康起到了非常重要的作用。不可否认的是，我国产品质量追溯工作距离构建完备的追溯司法体系、追溯资金及专业人才培养、追溯主体责任等方面还有许多需要加强和完善的工作。随着公众对于各类产品质量追溯要求的不断提高，构建产品质量追溯体系的需求也与日俱增。

一、存在的问题

随着国内市场经济的加速发展，人们对产品质量的要求也越来越高。目前，我国控制产品质量主要是通过构建产品质量追溯体系来实现的。然而，在实际构建产品追溯体系过程中存在一系列问题。

（一）可追溯法律体系不完善

我国关于产品质量的相关法规有《中华人民共和国产品质量法》《中华人民共和国农产品质量安全法》《产品质量监督抽查管理办法》《产品质量仲裁检验和产品质量鉴定管理办法》等。关于产品质量追溯的法律法规较少。以林木种苗为例，我国还没有关于林木种苗质量追溯的法律，《中华人民共和国种子法》中第十六条规定："品种审定委员会承担主要农作物品种和主要林木品种的审定工作，建立包括申请文件、品种审定试验数据、种子样品、审定意见和审定结论等内容的审定档案，保证可追溯。"第三十六条规定："种子生产经营者应当建立和保存包括种子来源、产地、数量、质量、销售去向、销售日期和有关责任人员等内容的生产经营档案，保证可追溯。"以上规定都对林木种苗追溯提供了法律法规基础，但具体执行的相关法律法规缺失，仅有相关的法规。例如，国家林业和草原局先后制定出台了《林木良种推广使用管理办法》《主要林木品种审定办法》《林木种子质量管理办法》《林木种子生产经营许可证管理办法》《林木种子生产、经营档案管理办法》《林木种子包装和标签管理办法》等部门规章和规范性文件，这些文件为林木种苗可追溯体系的建立奠定了法律和规章制度基础。此外，2019 年《国家林业和草原局关于推进种苗事业高质量发展的意见》中提出，加大种苗生产经营许可、检验检疫、标签、档案等制度的落实力度，探索建立质量认证制度，实现种苗质量的可追溯。要实现林木种苗可追溯体系，要求在以上法律规章制度基础上建立可操作的标准、规程。

（二）用于可追溯的资金、专业人才短缺

产品质量追溯体系是一种先进的管理技术，可以促进各种产品质量管理水平的提高，但建立产品质量追溯体系必须要配备专用设备、制作并使用追溯标签、对相关人员进行培训，所以投入成本非常高。例如，对于一个肉类加工企业来说，从建立安全监控体系、培育"公司+基地+农户"的产业化经营模式，到生产出来的肉及其加工产品的每个环节的详细记录、公司在每一个环节都要有相应的资金投入，仅条码标识一项对于一个大型肉类加工企业每年就要增加几千万元的投入，而短期之内却不能获得相应的收益。从公司的成本收益平衡的方面考虑，企业无疑还要提高自己产品的价格，但产品价格的提高对企业占据市场份额十分不利。同样以林木种苗产业为例，国家对林木种苗投资严重不足。2000 年时林业总投资约 140 亿元，其中，种苗投资有 3 亿多元，占林业总投资的 2.1%。20 年后的今天，林业总投资增加到 1400 亿元，提高了 9 倍，而种苗投资只有 5.78 亿元，所占比例仅为 0.41%，下降了 80.95%。林木种苗追溯体系的构建及实施，需要集成和研发高新科技，例如，物联网、区块链、大数据等云平台。同时，后期的系统推广和维护也需要国家大量的资金投入。

除了资金以外，具备扎实林业背景，专门从事林木种苗可追溯研发、管理、推广、维护等的专业人才基本没有。而现阶段，我国各类林木种苗产品的生产数量巨大，生产组织化、标准化程度低。主要以农户以及小规模企业为主，这些生产者对产品质量的意识薄弱，给产品质量安全埋下了隐患。可见，林木种苗追溯体系的建立，除了体系本身以外，还需培养大量的高素质专业人才。只有这样，才能保证林木种苗可追溯的健康可持续开展。

（三）参与可追溯的主体行为不规范

林木种苗产品质量追溯体系的主体主要包括实施者、受益者和监管者。每个主体在不同因素的影响下，会产生不同的行为选择，从而在一定程度上影响追溯体系的实施效果。以下将分别说明三者的特点。

1. 实施者

实施者包括农户和企业。对农户来说，追溯体制没有带来明显的经济效益，产品出现问题后易通过产品质量追溯体系找到责任人，故而农户担心政府相关部门的惩罚，等等，这些在一定程度上都会降低农户参与该体系制度建设的积极性。对企业来说，可追溯体系的专业设备（软件和硬件）不仅投入成本大而且操作较为繁琐（例如，激光灼刻），无法适用于部分大企业的大规模生产模式，即使政府免费提供设备，但是运用起来仍然会影响生产进度，导致了企业的经济效益降低。

2. 受益者

产品质量追溯体系建立后，当发生质量事故时能够提出恰当的应对措施，降低消费者的损失，使得消费者的利益能够得到保障。因此，消费者是产品质量追溯体系的重要受益者，消费者对产品的认可程度以及购买产品的意愿，对产品质量追溯体系的实施有着重要的影响。就目前来说，我国近年来关于产品质量安全的事件频繁发生，使得公众对已经加入可追溯体系的企业产品和未加入可追溯体系的企业产品的质量问题较为担心。另外，公众对可追溯体系的认知度不高，对是否购买可追溯产品并无概念。

3. 监管者

我国实施产品质量追溯管理体系，纵向由国家中央和地方各级政府统一推进，横向由市场、农业、牧业、工商等部门按照各自行业的管理要求分头监管。在这种监管模式下，中央和地方之间、部门和部门之间会缺乏沟通和协调，导致产品质量追溯体系的标准不能统一，增加了产品质量追溯体系管理的难度。

由此引申，就林木种苗可追溯体系而言，追溯体系内各参与者可能会对追溯产生不同的反应。实施者可能更关注成本与法律责任，受益者更关注追溯产品的真实性，监管者则需协调众多的部门来推进可追溯工作的实施。

二、发展趋势

随着社会生产力和国民经济水平的显著提高，人民群众对质量有保障的产品的需求已经成为必然，加之近年来一些不法商家为了赚取高额利润，不惜采取以次充好、以假充真、虚假宣传等非法手段，严重侵犯了消费者的利益，破坏了社会信任度，导致人民群众怀疑政府监管能力。因此，为了满足人民群众对美好生活的向往，产品质量追溯体系已经成为社会发展的必然产物。另外，当今经济的核心价值不再是公司间的交易，而是供应链体系的整合。为了竞争，供应链成员必须学会无缝链接，发展和开发信息链和信息共享业务功能，建立供应链可追溯平台。所以，未来产品质量追溯体系的发展空间巨大。可追溯未来发展方向有以下几点。

就体系而言，追溯体系的技术升级是必然的发展方向。区块链、物联网、大数据等信息化技术是其中重要的发展方向之一。信息的采集技术和处理，体系信息采集的完整性、真实性、准确性，信息安全的保障，信息反馈的处理将是未来发展研究的热点。另外，运输和储存过程中的技术运用也是重要的发展方向，例如，传感器和自动控温度系统等，以保障运输和储存过程中产品的质量。

就应用领域而言，目前，人们对与自己健康息息相关的产品更加关注。例如，与食物直接挂钩的产品质量追溯一直是追溯体系的研究热点。

这也给非食品的其他行业产品追溯提供了重要参考。对于林木种苗可追溯而言，国内十分缺乏有关的林木产品追溯体系研究机构，这不利于我国林业发展和生态文明建设。而林木种苗是我国林业基础，研发林木种苗可追溯理论与开展相关实践将是林业科技未来重要的研究方向。

就可追溯制度标准而言，目前国内有关产品可追溯体系的法规制度并不完善，系统的产品可追溯技术标准缺乏。就林木种苗追溯体系而言，还未有相关的可追溯技术、标准与管理办法，而我国已有市场化比较成熟的林木品种。随着我国对种业的高度重视，今后将围绕市场成熟的品种开展可追溯体系构建，逐步形成以点带面效应，推动林木种苗行业可追溯事业的全面发展。

| 第三章 | 追溯体系的理论基础、方法
及其作用机制 |

追溯是国内外对产品质量进行管控溯源的重要措施。国际上关于各类产品追溯已形成了一系列的理论与技术。本章主要介绍了有关追溯体系的基本概念，国内外有关产品追溯体系的研究方法，追溯体系的理论基础，分析了追溯体系对林木种苗质量安全的作用机制。

第一节　追溯体系相关概念

20 世纪，国际上就提出了追溯等相关概念，例如，国际标准化组织（ISO）质量安全管理体系本质上就是为了规范和保障产品质量而建立的产品可追溯生产国际标准。本节介绍了国际上有关追溯的概念，并提出了林木种苗追溯体系构建需明确的相关概念。

一、追溯体系基本概念

追溯常用来比喻探索事物的由来，是指对某一活动或历史进程进行跟踪分析的能力。追溯（track and trace）的内容包含跟踪和溯源两个部分。跟踪是指沿着供应链自上而下全面了解产品和流向信息，即正向流通；溯源则是指沿着供应链自下而上查找产品或成分的来源，即逆向流通，溯源常在产品发生质量问题时用于查找问题发生的关键节点。

可追溯性在国际上并无公认的统一定义。国际食品法典委员会与国际标准化组织把可追溯性（traceability）的概念定义为"通过登记的识别码，对商品和商品流通的历史及流通过程中的位置予以追踪的能力"。可追溯性就是利用已记录的标识对商品进行追踪。这种标识对每一批产品都是唯一的。同时，这类标识用作记录和保存被追溯产品的历史，如用于该产品的原材料和零部件的来源及其应用情况、产品流通所经过场所等（杨志坚等，2004）。ISO质量安全管理体系将可追溯性定义为"通过记载的识别，追踪实体的历史、应用情况和所处场所的能力"。在可追溯体系中，可追溯性是一个基础性的概念，其他概念都是在此基础上延伸拓展而来的，彼此之间并无本质上的区别。可追溯体系是指产品可追溯管理或其体系的建立、数据收集，应包含整个产品供应链的全过程，从原材料的产地信息到产品的加工过程直到终端用户的各个环节，是一套切实有效的质量安全管理工具。

Elise Golan等根据可追溯制度自身特性存在的差异设定了用于衡量可追溯制度的三个指标，即宽度、深度、精确度（Golan E，2004）。宽度是指可追溯体系记录质量信息的数量，即所能提供追溯质量信息的范围。深度是指一个可追溯体系在进行系统追踪的过程中可以向前或向后追溯到供应链中某一质量或安全控制点信息的程度。精确度反映了可追溯体系在准确确定一种产品质量安全问题产生的根源或产品质量特性方面的准确性程度。Merwe等则在此基础上进一步认为可追溯性包括了追溯系统水平、可追溯系统的广度和深度三个支柱产业（van der Merwe et al.，2015）。

建立可追溯体系的目的是为了实现对生产及产品流通全过程的信息记录、查询、追溯和监管。林木种苗产品可追溯体系构建，也需要类似地建立起一整套政策标准体系，在此管理保障作用范围内，记录林木种苗相关产品从最初的来源环节到最后种苗种植环节中经过的每一个环节，包括生产、加工、运输、销售等，以及所有可能影响林木种苗产品质量的人或事物等相关信息，通过利用追溯相关的技术和工具对林木种苗进行跟踪和追溯，达到跟踪记录种苗从培育到进入市场的全部信息以及责任追溯的目标，使所有主体都能便捷地了解苗木产品的全部信息，保证林木种苗质量安全。

研究表明，能对某产品整个供应链上的所有产品相关信息进行精确采集录入的追溯体系在现实中是不存在的。因此，评价一个追溯体系的优劣，需要一定的指标。评价追溯体系优劣的六个基本指标：追溯广度、追溯深度、追溯精度、追溯粒度、追溯散度和追溯接入。追溯广度指追溯体系在进行质量追溯的过程中能够采集的产品相关信息的多少。追溯体系的广度越广，则追溯信息越详细，就越能够控制各种危害的发生；但事情都有两面性，在实际中追溯的广度越广，系统的成本费用和投入的人力就越大，开发时间也越长，系统的实现就越复杂。追溯深度指追溯体系能够沿着产品供应链向前或向后采集产品相关信息的远近程度。追溯精度指追溯体系能否正确找到某一特定产品的来源及路径的确信程度，它取决于系统所能接受的错误率的大小。追溯的精度取决于加工环节中发生的转换次数。追溯体系的粒度能够反映特定系统所能处理的标识单元的尺寸和级别。追溯的实现很大程度上取决于最佳粒度级别的追溯单元的确定，批次粒度的精细或粗糙将决定批次的大小和数量，批次粒度越精细产生的批次数量越多、批次越小，相反，批次粒度越粗糙产生的批次数量越少、批次越大。追溯散度包括向下散度、向上散度和批次散度三个概念。以林木种苗为例，某批原料的向下散度是指含有这批原料的成品数量，例如，数量为 X 的油松种子，种植成熟后数量变为 Y，则该油松种子的向下散度为 Y。某成品的向上散度是指用来生产这批成品所用到的不同原料批次的数量，例如，油松的种植中用了 3 种不同批次 2 个单位的氨肥、4 个单位的磷肥和 3 个单位的钾肥，则该油松的向上散度为 9。一个系统的批次散度为所有原材料的向下散度与所有成品的向上散度的和。追溯接入强调的是信息传递的速度，包括指供应链中成员之间信息交互的速度和发生食品安全事件时重要信息传达的速度。

二、林木种苗追溯相关概念

本节在质量追溯概念的基础上，对建立林木种苗追溯体系涉及的基本概念进行说明，其中部分概念来源于行业已颁布的法律、法规和标准。

1. 林木种苗

林木种苗指乔木和灌木的种子和苗木，是森林营建和城市绿化的基础材料。种子在植物学上是指由胚珠发育而成的繁殖器官，在农林业上则泛指农作物和林木的繁殖材料，包括籽粒、果实、根、茎、苗、芽和叶等营养器官，甚至是植物组织、细胞、细胞器和人工种子等。苗木是指由种子繁殖而来的具有完整根系和茎干的栽植材料（刘勇，2019）。

2. 林木良种

良种是指遗传品质和播种品质均优良的树木品种或繁殖材料。林木良种是指通过国家级或省级林木品种审定委员会审（认）定的林木种子，在一定的区域内，其产量、适应性、抗性等方面明显优于当前主栽材料的繁殖材料和种植材料（刘勇，2019）。

3. 林木种苗质量安全

林木种苗质量安全是针对林木种苗自身及相关活动而言的。林木种苗自身质量安全是指品种质量和播种或栽种质量符合国家法律法规或相关行业标准；品种和播种相关活动质量安全是指用于最终消费的林木种苗产品在生产、加工、储运、销售等各个环节免受有害物质污染、保障种苗成活率的各项措施。

4. 林木种苗供应链

林木种苗供应链是由林木种苗生产源头的生产资料供应商、种苗栽植农户、种苗培育部门、种苗生产企业以及物流配送企业等上下游企事业单位构成的网链式体系。

5. 林木种苗追溯体系

林木种苗追溯体系指在林木种苗种植、培育、流通过程中对林木种苗质量安全信息进行记录、存储并可以追溯的质量保障体系，包括单一生产经营者独立完成的追溯和各环节生产经营者合作完成的追溯。

6. 不同林木种苗追溯体系

不同林木种苗产品追溯体系指可以根据政府规制不同，将林木种苗追溯体系分为强制性追溯体系和自愿追溯体系。强制性追溯是指政府制定相关法律法规强制某些林木种苗必须实施可追溯，自愿性追溯是指生产经营者自愿决定其生产的种苗是否实施可追溯。

7. 林木种苗追溯体系的激励与监管机制

激励机制是指林木种苗追溯体系中不同利益主体之间的激励约束关

系，既包括林木种苗种植、培育、储运销售过程中不同生产经营者之间的内部激励机制，也包括政府、公共媒介等对生产经营者的外部激励机制；监管机制是指林木种苗追溯体系中的各利益主体经过行为和利益博弈所达成的相互制衡的机制或体系。

第二节　国内外追溯体系研究方法

国内外的众多学者对各行业的追溯体系都做了大量研究，由于研究的出发点不同，因此不同学者采用的研究方法也有所差异。

M. Bevilacqua et al.（2009）基于事件驱动流程链（EPC）方法、实体关系模型（ERM）和基于活动的成本核算（ABC）方法分析蔬菜产品供应链的当前状态并建立了一个用于管理产品可追溯性的计算机系统。Khuu Thi Phuong Dong et al.（2019）以越南虾产品为研究对象，采用压力状态响应（PSR）概念来评估出口国为满足全球市场的强制性要求而实施可追溯性法规的效应。Jill E. Hobbs（2004）运用博弈论分析认为政策因素是影响企业实施质量安全追溯体系的重要因素。Masudin Iiyas et al.（2021）采用定量研究方法，以抽样方式对 140 名受访者进行问卷调查，分析了可追溯体系在新冠疫情防控期间对印度尼西亚食品冷链性能的影响。Priscilla D'Amico et al.（2014）对意大利华人社区市场收集的海鲜产品进行了调查，通过资源基础理论（RBV）方法阐述了可追溯体系标准对企业全球化经营的影响。

国内的学者也做了相关研究，周洁红和姜励卿（2007）在《农产品质量安全追溯体系中的农户行为分析——以蔬菜种植户为例》中，通过对浙江省 302 户蔬菜种植户参与质量追溯意愿进行问卷调查，运用逻辑斯蒂（logistic）分析农产品质量安全追溯体系中蔬菜种植户的行为，认为影响农户参与生产追溯制度积极性的主要因素与法规不完善、政策宣传不到位有关。并在此基础上提出了相关建议。钱建平等（2009）运用层次分析法（AHP）对主因素层和次因素层中包括企业资质、质量检测、消费者反映等诸多要素通过两两比较的方式对各要素整体权重进行排序，构建一种质量安全信用评价指标体系。刘红（2011）采用比较分析、系统分析和 SWOT（strength，weakness，opportunities and threats，优势、劣势、机遇和威胁)的分析方法，通过收集数据后对我国林木种苗发展历程、现状及未来发展趋势进行了系统的定性研究分析。周洁红等(2013)以浙江省和江西省畜肉屠宰加工 81 家企业调研数据为样本，基于 DEA 方法进行追溯效率测算，研究在国家法律规定的追溯水平下追溯体系效率低、追溯经济效益差等猪肉质量安全追溯体系建设的主要问题。张黔生等(2019)通过结构方程，运用灰色关联分析方法构建了一个普洱茶质量安全追溯行为管控评价体系，并对影响普洱茶质量安全因素按关联度进行排序，认为诚信道德、技术能力等社会因素对普洱茶质量安全影响大于行业标准、政府政策监管等因素。王晓平和张旭凤(2013)通过建立企业农户博弈模型分析得出在协议流通模式下，从长期合作角度来看，企业与农户都会遵守协议，提供相应的数据来实现信息追溯，为农产品的信息可追溯提供保障。

目前，关于林木种苗质量可追溯的系统实证研究还未形成，通过实证研究可以更加清楚地提出林木种苗追溯体系的理论适用性，而且还能深入分析种苗与其他产品追溯体系的异同，这也是今后需要深入研究的重要方面。

第三节　追溯体系的理论基础

追溯体系的构建目标是为了保障产品质量，产品标准化的生产与管理是保障质量和实现可追溯的重要手段。产品可追溯要求对所生产的产品进行全产业链信息留存，并做好关键节点追溯信息的有效记录及传递，为产品质量提供及时准确的反馈，便于各利益相关方采取对应措施完善和改进产品生产过程。本节主要介绍了质量追溯体系的理论基础，并分析了各理论基础中涉及林木种苗产品生产的内容。

一、ISO9000 质量管理理论

ISO9000 族标准是国际标准化组织(ISO)颁布的在全世界范围内通用的关于质量管理和质量保证方面的标准，它不是指一个标准，而是一族标准的统称，目前已被 80 多个国家采用。它是国际标准化组织在 1994 年提出的，并由 TC/176 技术委员会制定的国际标准。ISO9000 族标准主要是为了促进国际贸易而发布的，是买卖双方对质量的一种认可。ISO9000 的核心是 ISO9001 质量保证标准和 ISO9004 质量管理标准。

ISO9000 族标准有两个重要的理念：一是对产品生产全过程进行控制的思想，从产品原材料采购、加工制造，直至终产品销售，都应在受控的情况下进行，要想最终产品的质量有保证，必须对产品形成的全过程进行控制使其达到过程质量要求；二是预防的思想，在产品生产全过程，始终建立预防机制，以促进生产的有效运行和自我完善，从根本上减少消除不合格品（有道咨询，2020）。

二、信息不对称理论

不对称信息是指在市场经济条件下，部分参与者拥有另外一部分参与者不拥有的信息，当市场主体方掌握了另一方所没有的、无法获得的信息或获得这种信息的成本较高时，就形成了信息的不对称，这种信息不对称易导致市场主体方获得更大的利益而损害另一方利益。信息不对称的主要表现形式，包括信息源不对称、信息时间不对称、信息数量不对称、信息质量不对称和信息混乱等（陈松和钱永忠，2014）。信息不对称理论由美国经济学家斯蒂格利茨（Stiglitz）、阿克洛夫（Akerlof）和斯彭斯（Spence）在1970 年提出，其中的"柠檬市场"理论最具有代表性。该理论认为信息不对称现象会直接导致难以存在高质量产品市场的后果，或者说会出现市场只能提供低质量产品的现象（刘增金，2015），甚至可能会减少市场产品交易量。

在第一章介绍林木种苗行业现存问题时，信息不对称反映在苗木供需方的信息无法互通。但这种信息不对称并不是主观形成的，现阶段就是缺乏行业的指导与信息互通平台。林木种苗可追溯体系的目标可满足消费者知情权和选择权，增强供应链上各利益主体责任感，从而保障林木种苗的质量安全。目前，针对信息不对称问题，经济学家提出两种解决方法，一种通过市场完全竞争机制，用市场机制来解决信息不对称问题；一种则主张通过政府监管调控与行业自律相结合方法来避免市场失灵，解决信息不对称问题。

三、供应链管理理论

供应链是指产品生产和流通过程中所涉及的原材料供应商、生产商、分销商、零售商以及最终消费者等成员通过与上游、下游成员的连接（linkage）组成的网络结构，即由物料获取，物料加工，直到将成品送到用户手中这一过程所涉及的企业和企业部门组成的一个网络。供应链管理（supply chain management）萌芽于 20 世纪 80 年代，产生背景为纵向一体化引发的产业高度集中所导致的企业管理效率低下、自身资源限制，无法快速敏捷地响应迅速变化的多样化市场需求（刘增金，2015）。供应链管理以信息技术为依托，以集成化和协同化思想为指导，是一种用于获取产品和服务的跨职能管理方式。它包括对整个物料循环的管理，如从采购计划阶段到成品配送阶段的识别、评估及控制（Indranil M，2012），即通过协调供应链中的各种关系来进行信息资源整合，以此获得竞争优势。供应链管理专家戴维（David）将供应链管理定义为：对供应商、制造商、物流者和分销商等各种经济活动，有效开展集成管理，以正确的数量和质量、正确的地点、正确的事件进行产品制造和分销，从而提高系统效率，最大限度地减少内耗，促使系统成本最小化，提高消费者的满意度和服务水准（孙元欣，2003），最终达成供应链上所有企业共赢的目的。

林木种苗供应链属于供应链中的一种类型，同样注重信息的重要性，但由于林木种苗供应链主要服务于林业生产，因而又与农产品供应链、食品供应链、工业供应链等有本质性差别。林业产品高度依赖自然环境，生产过程可控性较差，导致生产的不确定性和风险性较高。林业产品生产周期长，受地理环境制约强，投资回报期长，吸引资本的能力相对较弱，导致林木种苗产业资金流动性较低。由于前面提到的信息不对称现象在种苗行业普遍存在，并且这一现象随着种苗生产链的延长呈现递增的趋势，为了满足生产者、消费者需求及保障林木种苗质量安全的需要，应充分利用该理论，加强林木种苗行业的供应链管理。

发达国家苗圃企业通常分化程度高、产业链长。一家公司专注培育单一树种，如美国的阿伯津苗圃专注于南方松裸根苗生产、国际林业公司苗圃只生产南方松容器苗、东田纳西苗圃以阔叶树裸根苗为主、布瑞格斯苗圃以园林花卉为主、绿钻石苗圃以红杉树容器苗为主，野生生物生境苗圃主要培育乡土阔叶树、灌木、草，野生植物苗圃主要培育草、灌木等。在林木种苗产业链上基质生产，容器生产，苗木打包机等苗圃设备生产，苗木运输，土壤消毒分属于不同公司。相对而言，我国林木种苗供应链多以苗圃等小规模生产为主，农户、企业作为林木种苗供应者，既是种苗生产主体又是种苗供应商，既是生产者又是管理者，生产经营行为受到文化程度、经济状况、经营水平等因素的影响。农户作为供应商对林木种苗产业链具有重要影响。但他们往往获取市场信息途径少、信息加工能力弱，对经济信息判断力弱，种植苗木品种具有盲从性，对价格预期的判断缺乏理性，因而需要一个完备的质量检测体系对其生产行为进行引导。

林木种苗追溯体系是对整个种苗供应链进行的质量追溯，应把分散的种苗栽植、培育、生产、流通、销售等环节系统地整合起来，形成一个完整的林木种苗供应链质量追溯体系。将苗木生产者纳入供应链追溯体系可以克服分散经营导致的缺乏市场竞争力的弱点，同时在产业化组织带领下保证生产者能及时掌握市场对产品的需求，明确生产方向。除此之外，小规模农户、小型企业分散经营不利于行业标准化生产，政府及主管部门往往需要耗费大量的人力、物力、财力进行市场规范监督。实施林木种苗质量信息追溯，可以通过对种苗生产者、经营者进行溯源，起到监督种苗生产者、经营者的作用。在全产业链质量追溯的约束下，生产者、经营者对生产的林木种苗产品承担质量责任，直接提高了种苗源头生产者的质量保证意识，提高种苗供应链监管效率。

四、危害分析和关键点控制理论

危害分析和关键点控制（hazard analysis and critical point control，HACCP）是一种既对产品制造又对仓储安全产生预警反馈的保护性方法（Tsitsifli and Tsoutalas，2021）。该方法中，使用了 5 个重要原则，如分析生产过程中可能发生危害的风险，确定危害风险的临界点，确定临界限值，编制监测系统及监测程序，最后设置纠正措施，避免偏离临界限值（Karnaningroem and Pradana，2021）。HACCP"危害分析和关键点控制"是在生产、加工过程中进行安全风险识别和系统控制的一种方法，是在生产、加工过程中通过对关键控制点实行有效预防的措施和手段。该方法强调以风险评估和预防为主，通过安全风险评估和危害分析，预测和识别在产品生产、加工、流通、消费和使用的全过程中最可能出现的风险的环节，找出关键控制点，采取必要有效的措施，使产品质量保证达到预期的要求（席群波，2010）。

HACCP 是通过过程控制来保证质量安全的方法，种苗可追溯体系的核心是为保证林木种苗质量安全而保持的全程质量记录系统，因此该理论可以用于种苗追溯体系构建及后续平台运行的质量问题追溯。而且，该理论已用于不同行业、不同产品的安全交易，如食品加工行业、信息行业、医疗行业等，在本书建立林木种苗质量可追溯体系过程中也应用了危害分析和关键点控制理论。

五、利益相关者理论

随着经济发展，利益相关者理论被广泛应用于各个行业和领域。该理论规定了可追溯体系中的一般主体，其核心思想主要体现在生产者、消费者、政府等不同利益主体在追溯过程中分别承担生产、加工、运输、储存、销售、监管、消费等不同环节的责任和义务。"利益相关者"这一词最早可以追溯到 1984 年，弗里曼出版的《战略管理：利益相关者管理的分析方法》一书中明确提出了利益相关者管理理论。近年来，国内学者认为利益相关者是指那些在企业生产活动中进行了一定的专用性投资，并承担了一定风险的个体和群体。从利益相关者的定义出发，林木种苗质量可追溯体系利益相关者，首先是建立在种苗质量安全基础上的与林木种苗产业链密切相关的个人、团体以及政府组织，具体包括农户，苗圃，流通中的运输、贮藏企业，消费者，政府，科研机构等，所有这些利益主体的行为都会对林木种苗可追溯体系产生重要影响。林木种苗生产者、消费者、政府等在农产品可追溯体系中都有着各自的责任和权利，可追溯终端运行的正常与否与他们息息相关。

在整个林木种苗供应链追溯体系中，参与主体有种苗栽植农户，种苗培育部门，种苗生产企业、流通企业，种苗质量监管部门和种苗追溯体系的管理机构。他们是追溯关键节点的实施者、受益者以及监管者和推动者，他们的行为举措对整个追溯体系的实施具有重要影响。

第四节　追溯体系对种苗安全质量的作用机制

建设和实施林木种苗质量追溯可实现对种苗产业的积极有效监管，各级相关部门均可依托种苗追溯体系开展种苗生产的监督工作，保障种苗市场的良好健康运行。种苗生产各方也可通过种苗追溯的反馈信息对相应生产环节进行改善，形成产业链内部透明的激励与系统监管机制。

一、监管机制

完善的种苗安全监管体系是种苗安全质量的重要保障。近年来，围绕着追溯体系有关安全监管的研究在各行业产生较多的成果，在内容上多集中在法律法规、保障制度、标准体系以及监管主体等方面。其中，法律法规在安全监管体系中位于核心地位，是构建监管机制、确定监管主体的前提；保障制度对监管体系的正常运转具有辅助作用；监管标准是引导种苗行业、运输行业以及销售行业的一系列技术标准，是实施安全质量监管的重要依据；监管主体是保证追溯体系质量安全、行使监管职能的执行机构（贺彩虹等，2019）。

2000年制定的《种子法》是我国种苗行业最重要的法律，经过修订内容日益丰富，主要内容包括了规范品种选育、种子生产经营及管理、品种权等，对于推动种子产业化，促进农林业发展，保护种子生产者、消费者、经营者合法利益具有重要意义。2021年十三届全国人大常委会第三十次会议上，《中华人民共和国种子法（修正草案）》提请大会审议，其中明确要提高假种子的界限、加重制售假劣种子的处罚等举措，进一步完善了种苗监管机制。该种子法修正版与《中华人民共和国产品质量法》《中华人民共和国农产品质量安全法》《产品质量监督抽查管理办法》《产品质量仲裁检验和产品质量鉴定管理办法》等共同为种苗追溯体系的运行提供了坚实的法律保障。相关立法部门可根据以上法律法规来建设和规范林木种苗市场。在当前我国重视种业发展的基础上，各级部门可在原有法律法规的基础上对种苗质量追溯制定严格的标准和法律体系，严格执行生产经营许可和标签制度等，进一步提高和规范种苗产业的入门门槛，建立种苗追溯体系，使其能够有效提升林木种苗行业的发展水平。同时，进一步加强对林木种苗的质量监管工作，不断完善质检硬件设备和环境，提升质检工作的应用水平，促使林木种苗市场有序、规范、健康运行。

除建立监管制度以外，还可依据法律法规建立质量追溯保障制度，为林木种苗追溯甚至种苗行业的正常运行提供强有力的支撑。例如，严格的追责制度、问题产品召回制度、公众监管制度等。严格的追责制度不仅可强化形成种苗生产者和销售者的责任意识，同时能够提高全行业的种苗质量安全意识，有利于行业良好氛围的形成。

良好的监管监督机制对保障种苗追溯体系运行可起到重要作用，可保障追溯体系的正常实施运行。种苗质量安全追溯的监管主体包括中央政府、地方政府、舆论媒体、行业协会、消费者等，不同主体具有不同的职责。政府作为保障种苗追溯体系运行实施的管制者，可以通过强化对林木种苗质量的控制，不断提升种植者的质量控制意识。例如，政府部门可以设置专门的培训机构，通过定期开展培训，逐步提升种植者的质量控制意识，配备相适应的鼓励机制，强化树木种苗质量控制，并加大林木种苗质量宣传力度，能够更好地激发种植者的工作激情。

依托种苗追溯体系，各地林业管理部门可成立专门的林木种苗质量追溯检测机构对进入市场的种苗质量进行监管。对林木种子生产经营者执行林木种子包装、标签和使用说明等制度的监督管理。凡是销售的林木种子与标签标注的内容不符或者没有标签的、销售的林木种子质量低于标签标注指标的、销售的种苗没有使用说明或者标签内容不符合规定的以及涂改标签的应当按照《种子法》进行处罚。此外，还可根据苗木产业的特点，在关键的质量追溯节点开展质量检测。例如，可在春天造林的关键时期加强苗木质量追溯的检查工作，对出现问题的苗木进行质量回溯及追责。还可根据苗木生产方提供的追溯信息判断苗木可能存在的质量风险。根据苗木追溯信息，判断苗木在栽植前进入追溯的时间，若超过一定时限，则认为该批苗木可能存在质量下降情况，苗木生产、运输、用户各方可根据追溯体系即时获取苗木质量信息，以此保证进入市场的苗木质量上乘且有保障。

二、内部激励机制

林木种苗追溯体系的各个利益主体采取追溯行为时，由于追溯信息可以很清晰地反映出苗木流通各环节，可以促进形成各主体间的内部激励机制。各利益主体都以自身利益最大化为目标，在博弈过程中追求的目标和利益不同，在决策上相互影响、相互制约。如果可以形成生产上下游主体之间的博弈、生产企业与消费者之间的博弈、监管者与生产者之间的博弈等，这种机制可极大地降低出现低质量苗木的概率，同时，即使出现问题，也可及时找出问题环节，提高苗木产业运行效率。

三、全产业链协同机制

(一)全产业链协同机制的内涵

1971年，德国物理学家赫尔曼·哈肯提出了协同的概念，1976年发表了《协同学导论》等著作，系统地论述了协同理论认为整个环境中的各个系统间存在着相互影响而又相互合作的关系。20世纪60年代，美国战略管理学家伊戈尔·安索夫将协同理念引入企业管理领域。2004年蒂姆·欣德尔概括了坎贝尔等人的理论提出，企业可以通过共享技能和有形资源、协调战略、垂直整合、与供应商谈判和联合力量等方式实现协同。简单地说，协同效应(synergy effects)就是"1+1>2"的效应。

产业链协同是指通过价值链、供需链和空间链的提升和优化配置，使产业链中上下游之间实现效率提高、成本降低的多赢局面(王刚毅等，2021)。建立种苗追溯体系可使林业种苗产品的生产集中在一条价值链，除了涉及追溯方，还可外延到有关苗木生产资料的供应方，如苗木培育过程中涉及的肥料、基质、机械等的供应方，可以有效提高林木种苗产品生产原料供应的稳定性，缩减中间成本、提高产品质量，从而推动全产业链的协同。

(二)全产业链协同机制的效用体现

林木种苗追溯体系可看作是全产业链运作模式，将产业链和价值链进行统一管理，从而提高林木种苗产业链总附加价值，并可作为林业产业化的一种创新商业模式。在当前林木种苗多以"企业+农户"为主的运行模式下，可解决农户素质差异较大带来的苗木生产质量参差不齐等环节问题，提高公司与农户之间合同履行、对接的稳定性。农户、企业等追溯参与方在共同产业链和价值链中，其获得经济效益的目标是一致的。企业为了提高苗木质量，可在获得主体经济效益的同时，在各级林业管理部门的支持下，开展先进林业技术的创新和推广，并提高先进设备的利用水平等，从而提高林业产业现代化水平。

第四章 我国林木种苗追溯现状及节点分析

早在十年前我国就提出了林木种苗可追溯的概念，并颁布了一系列相关法规及要求。我国部分省份已在一定方位内建立了区域性的林木种苗追溯体系。本章主要介绍了我国林木种苗追溯现状，包括现有政策、组织框架、可用技术等，举例说明了部分省份已开展的林木种苗追溯工作，总结了现有林木种苗追溯的现存问题，同时，分析介绍了种苗关键节点追溯要素，并阐明了参与种苗追溯的主体在各追溯环节中应发挥的主体作用。

第一节　林木种苗追溯现状分析

我国开展林木种苗追溯已有相关政策基础，可充分利用现有的国家、省、市等各级林木种苗组织机构实施追溯工作，而且已有部分省份积累了有关种苗追溯的技术和实践经验。尽管如此，在现有种苗质量追溯工作的基础上还存在追溯监管机制不健全、追溯标准化体系未形成以及相关专项经费支撑不足等问题。

一、现有政策

2011 年，我国首次在国家层面提出了林木种苗可追溯的概念。在当时国家林业局有关年度林木种子质量抽查情况通报中提出，林木种子生产经营档案是确保种苗来源去向、质量责任可追溯的重要根据。2012 年，《国务院办公厅关于深化种业体制改革提高创新能力的意见》中提到，要督促企业建立种子可追溯信息系统，完善全程可追溯管理。2016 年，国家林业局印发的《林木种子生产经营档案管理办法》中第一条指出该办法的产生就是为了落实《种子法》中提出的林木种子可追溯性管理。2017年，《国家林业局关于全国林木种苗质量抽查情况的通报》再次提出，苗木质量可追溯管理有待加强的问题。2019年，《国家林业和草原局关于推进种苗事业高质量发展的意见》中提到，加大种苗生产经营许可、检验检疫、标签、档案等制度的落实力度，探索建立质量认证制度，实现种苗质量的可追溯。同年，国家林业和草原局又印发了关于《引进林草种子、苗木检疫审批与监管办法》的通知，提出要构建林草引种可追溯监管平台，建立和完善报检员制度、检疫备案制度，提高林草引种检疫审批工作效率和信息化水平。由此可见，我国非常重视林木种苗可追溯工作，多年来，已制定颁发了多个关于种苗追溯的法律法规，目的是为了规范林木种苗行业，同时，也为建立国家林木种苗追溯体系打下坚实的政策基础。

除了国家层面制定颁布的法律法规文件，种苗行业内部也根据《种子法》等多条保障种苗质量法律法规，制定了部分有关种苗质量控制的行业规范和标准，并建立起国家、省、地、县4级林木种苗的质量监督管理网络，这些举措均有力地促进了企业的发展和建设（关煜涵，2019），为维护种苗市场起到了重要作用。我国已经建立了省级林木种苗管理站，这些管理站分布在我国超过200座城市和800个县，可为后续开展种苗质量追溯工作发挥重要作用。但这些管理部门并没有一个统一的种苗质量管理平台，只有部分省份建立了适合区域内的种苗质量追溯管理体系。林木种苗信息化整体滞后，导致信息更新不及时，对于生产者和需求者不利，各种苗管理机构之间不能实现高效的信息互通（姚亮，2020）。种苗行业的信息化建设也是阻碍林木种苗可追溯发展的重要支撑技术。

二、现有组织框架

种苗质量安全管理是社会管理的重要领域，是保障人民生存发展所需要的生态文明建设和物质生活需要。林木种苗追溯体系是一个庞大的质量监测系统，需要多部门的共同协作开展，其中包括政府、行业组织、苗圃以及科研院所等。我国现有的种苗质量监督检验机构组成可以为构建国家级林木种苗追溯组织体系提供参考。2001年底，国家林业局印发了《林木种苗工程管理办法》，其中规定林木种苗质量监督检验机构分为四级，包括国家级、省级、地(市)级和县级，由同级林业部门设立。

国家级林木种苗质量监督检验机构为国家林业局南方林木种子检验中心、国家林业局北方林木种子检验中心，主要承担国家林业局委托的全国林木种子、苗木质量的监督抽查和检验任务；承担省际间林木种子、苗木质量的仲裁检验，全国林木种子、苗木检验的技术指导、业务咨询和技术培训；参与制定、修订有关林木种苗国家标准和行业标准，林木种苗检验、加工、贮藏和种苗培育等技术的科学研究；承担其他委托检验。

省级林木种苗质量监督检验机构承担本省(含自治区、直辖市，下同)林业行政主管部门和内蒙古、吉林、龙江、大兴安岭森工(林业)集团公司及新疆生产建设兵团林业局委托的辖区内林木种子、苗木质量的监督抽查和检验任务。除此之外，省级林业和草原主管部门要根据本辖区实施大规模国土绿化行动的用苗需求，采取政府招标等竞争性方式，合理确定一批保障性苗圃，切实承担起新品种培育、新技术应用和市场紧缺的乡土、珍贵树种等特殊树种苗木生产，以及国家投资等公益性造林种草项目的种苗供应任务。

地(市)级、县级林业行政主管部门负责本级林木种苗工程建设项目施工和技术管理工作。各级林业主管部门主要起到的作用是加强督导、检查、问责，根据国家重点抽查、"双随机、一公开"检查以及自查要求，对管辖范围内林木种苗生产经营者开展监督问责，要求种苗行业单位记录种苗流通的各项信息档案，开展规范化档案管理工作(刘峰，2021)。这也为林木种苗追溯提供了一定基础。

林业行业组织，例如，产业协会、创新联盟等，也可以在林木种苗追溯体系中发挥重要作用，可以作为种苗生产方和市场的桥梁。这些行业组织可以为苗圃等生产者提供先进科技，指导种苗生产，可以为农户提供相应的技能培训。同时，个人苗圃多采用分散经营，并不了解市场，文化及科技素质不高，在林木种苗交易市场中几乎没有话语权，林业行业组织可以提高种苗生产者的话语权。

苗圃是林木种苗追溯体系正常运作的基础，也是保障林木种苗质量的具体实施者。现有林木种苗质量监督体系已经要求基层生产单位记录林木种苗培育的各个生产环节信息，如施肥、灌溉、除草、移植等。这些数据信息是建立林木种苗追溯体系和反映苗木生产过程与苗木质量的基础，只有准确、及时的信息录入，才能易于在种苗质量问题出现时确定生产过程是否存在问题及生产者是否承担责任。从这个角度来说，准确的信息记录也可以保护生产者，只要确保生产过程可靠，那么问题种苗形成的原因可能是在运输、贮藏或者造林过程中。

三、可用技术

由于林木种苗产品种类繁多，种苗规格各异，不同产品种类之间存在较大差异，因此对追溯体系的技术要求也有不同。例如，裸根苗和容器苗，由于其本身的生物学特性和生产方式差异，决定了在追溯过程中存在追溯信息采集、录入、编码等技术的差异，在追溯体系设计的同时就应考虑如何根据种苗类型确定对应的追溯技术。应当根据林木种苗生物特性和行业标准规则、管理模式以及追溯环节、查询手段找到各自合适的追溯模式、开发模式、识别技术以及编码方式。

一般来讲，国内产品质量追溯模式多种多样，可以分为链式追溯模式和阶段式追溯模式。链式追溯模式是指在产品出现质量安全问题时"追溯激发"，无论产品在哪个环节出现问题，都对产品流通的每个环节逐个溯源（Kumar A et al.，2017）。链式追溯模式的缺点是追溯成本较高，追溯周期长，查询速度慢，若某个环节出现故障，就会停止追溯，稳定性差（Regattieri A et al.，2007）。当"追溯激发"，从发现问题的节点开始向前追溯为阶段式追溯模式，追溯同时分析每个环节可能出现的问题及原因，直到找到产生问题的原因（Ouertani M et al.，2011）。阶段式追溯模式在减少数据冗余问题的同时可以降低追溯成本，林木种苗追溯可以选择阶段式追溯模式。

在追溯体系的信息化应用软件开发中，C/S（客户机/服务器）、B/S（浏览器/服务器）以及和 B/S、C/S 集成模式的软件系统体系结构被广泛使用（赵丰和赵端正，2006）。C/S 模式下数据管理功能由服务器端实现，用户交互功能由客户端实现。C/S 模式开发的软件数据安全性高，数据操纵、事务处理能力强。但软件平台和开发工具难以移植更改，通用性差，维护成本高，一般只应用于局域网中，用户使用繁杂，体验差，不利于推广。B/S 模式是在 C/S 模式基础上的一种改进，在因特网基于 Web 应用实现，开发维护方便、可访问异种数据库、可以实现跨平台、可以随时随地进行查询，但响应速度较慢、功能弱化，难以实现传统模式下的特殊功能要求，无法满足个性化需求。B/S、C/S 集成模式是对 B/S 模式的优化，系统用户界面风格更加统一，既解决了数据显示格式难以变更的问题，又大大降低了服务器压力、加快系统服务速度和系统响应速度。我国的畜禽肉、蔬菜、水果、茶叶等不同品类的农产品质量追溯开发模式多采用 B/S、C/S 集成模式。

在产品追溯识别技术上，我国农业上种子质量可追溯体系采用了一维码编码技术，与其他追溯体系采用的 RFID 技术、GPS 技术等具有一定差距。目前，应用比较广泛的一维条码是 UCC/EAN 编码。该编码由美国统一代码委员会和国际物品编码协会共同建立，是全球贸易和供应链管理的共同语言，可以为商品提供统一的标识代码，从而可以读取如生产日期、批号等附加信息，被广泛应用于蔬菜、水产、禽畜类等农产品的追溯（王岳含，2016）。农业上，为推动种业可追溯技术发展，2014 年国家质量监督检验检疫总局大力推行 EAN·UCC 编码系统，由农业部牵头，中种集团、隆平高科、登海种业和丰乐种业等 11 家种子企业入网的全国种子可追溯查询平台于 2014 年上线。该编码与一维条形码相比，能够存储大量信息、可移动、可影印且纠错能力强，目前被广泛应用于移动终端设备。此外，一些牲畜的质量追溯也多采用二维编码，这些编码多为牲畜耳标的方式。RFID 技术目前是进行产品追溯的先进技术手段，又称电子标识技术或无线射频识别。其特点是识别系统与识别目标之间无需建立机械、光学联系，就可以进行识别、读写数据；环境适应性强、使用便捷、数据储存量大、可实现数据动态管理，但数据容易造假，成本相对较高。林业种苗追溯可尝试采用该方法，尤其是对一些珍贵树种和高价值树种。

林业行业也有一些林木电子信息标签，这些标签的主要作用并不是为了开展质量追溯，但也可以借鉴用于林木种苗追溯。例如，图 4-1 是北京市推广的林木信息电子标签。标签信息中详细记录了包括立地条件、生长情况、形态特征等共 18 个生长因子信息，实现了种源信息档案电子化。通过扫描二维码可清晰呈现树木的详细调查及管理信息，为开展科研试验、良种选育提供良好的信息平台，还为公众提供了科普功能。截至 2020 年底，北京市苗圃已推广使用 80 余万个电子标签，用于树木养护管理。

调查单位	北京市十三陵林场		
调查日期	2019年10月		
调查地点	蟒山分场	地块号	4
林种	生态母树林	位置	林内
植物名称	白皮松	树龄	67
拉丁学名	*Pinus bungeana*		

地径（cm）	米径（cm）	分枝点高（cm）
22.9	17.8	140
株高（m）	冠幅（m）	树形
9.9	5.7	圆
枝叶密度	主侧枝	主干
密	均匀	多头
树皮颜色	结实量	海拔（m）
花色	少	250
坡向	坡位	郁闭度
阳坡	中坡位	0.7
地貌	土壤名称	腐殖质厚度（cm）
低山	褐土	<2cm

图 4-1　北京十三陵林场白皮松一树一码身份标签

四、现有实践

北京市在林木种苗追溯工作中前期基础较好。北京市已从 2012 年起开展了大规模的平原造林工程，共植树约 5000 万株，目前正在开展新一轮的百万亩造林工程。《北京市新一轮百万亩造林绿化行动计划》提出到 2022 年，北京市新增森林绿地湿地面积 100 万亩，其中，新增森林 93.8 万亩、湿地 3.6 万亩、绿地 2.6 万亩，工程规划期为 2018 年到 2022 年。在树种选择上，北京市提出了"乡土、长寿、抗逆、食源、美观"的十字择树原则，并进行混交配置和异龄组合。可见，新一轮百万亩造林工程需要的苗木种类繁多，数量巨大。在新一轮百万亩造林绿化工程中，为提高造林苗木成活率，北京市园林绿化局开发了"移动林业"App，包括现场检疫、出圃管理、标签绑定、在圃苗木、RFID 溯源、二维码溯源、法律法规、通知公告等 8 个模块，推广使用了不可逆锁扣设计的苗木电子标签，保障实现所有苗木可追溯。而且，"移动林业"App 进一步进行了功能升级，在原有 8 个模块上发展了涵盖入圃管理、在圃管理、出圃管理、日常养护、生长调查、观测登记、查询统计、现场验收、现场检查、法律法规、通知公告等 11 个功能模块，覆盖苗木生产经营、产地检疫、科技项目管理等的应用场景。

北京林业种子苗木管理总站还打造了以电子标签为载体的林草种苗可追溯体系，采用先进的物联网、防伪鉴真等技术，用电子标签为苗木建立"身份证"，通过信息记录的手段进行从种源登记、在圃管理、出圃销售到造林应用的全程痕迹化管理，实现苗木管理的来源清晰、去向明确、全程追溯。2021 年 3 月，北京市园林绿化局制定实施《北京市林草种子标签管理办法》，新《北京市林草种子标签管理办法》的实施为北京市林草种子编制了"二代身份证"，新增加的电子标签以芯片、二维码或者其他电子形式储存林草种子信息，可通过手机扫描二维码线上查询相关信息，为林草种苗质量追溯提供了源头质量的基础保障。该办法同时优化了标签的内容和功能，规定标签上须标注种子类别、植物种名、质量指标、生产日期、产地等种苗信息和生产经营者(盖章)、注册地址、联系电话等生产者的信息，同时"使用说明"栏内印制二维码。电子标签集成苗木"两证一签"(生产经营许可证、产地检疫合格证及苗木标签)信息，有效解决了传统纸质苗木标签信息记录不规范、信息承载量有限、不便于携带、不能即时资源信息共享、不便于整理分析等问题。使用者可以扫描二维码下载《北京市园林绿化常用苗木和林木良种使用(栽植)说明》，查找苗木的栽植和管理技术(中国新闻网，2021)，该办法不仅为建立种苗追溯体系打下了坚实基础，还为苗圃等种苗生产者提供了切实可行的技术指导。

除了北京市，2020 年，黑龙江省林业和草原局也开始实行由林木种苗标签为载体的种苗追溯工作。2020 年 3 月，黑龙江省林业和草原局为加强林木种苗生产供应和质量检验，在全省范围内开展林木种苗大数据建设，要求造林必须建立完整的苗木档案，确保数据终生可追溯。同时，苗木的生产、供应和种苗质量安全信息面向社会公开；加强种苗使用管理，严把"设计""采购""验收"三关。核查验收时，对达不到标准苗木的实施"一票否决"。江西省严格执行林木(穗条)良种销售专用凭证制度，将销售专用凭证管理作为档案管理的重要内容。油茶采穗圃销售穗条或育苗户销售苗木时，不仅要签订购买合同，还要向购买方提供发票、良种苗木(穗条)标签，以及《江西省油茶良种穗条销售专用凭证》或《江西省油茶良种苗木销售凭证》。此专用凭证是育苗单位(采穗圃)销售、使用良种苗木(穗条)时的专用证明，也是造林者享受林木良种苗木补贴和林业重点工程项目造林补助的重要凭据之一，销售专用凭证共四联，第一联为育苗单位保存，第二联为购买方保存，第三联为购买方所在地县级林业主管部门保存，第四联为省种苗局保存。江西省每年开展林木(穗条)良种销售专用凭证的核查工作，对采穗数量超过认定数量的采穗圃及育苗数量超过购穗量的苗圃进行通报或取消资格，从而确保穗条和苗木的品系、来源及销售去向清楚，实现可追溯。

除了部分省份开展了种苗质量追溯工作，国家也制定了一些有关种苗追溯的法律法规，为这些地区开展追溯工作提供了法律保障。2018年，中华全国供销合作总社批准发布《种子追溯系统建设技术规范》。2007年农业部发布的《农产品产地编码规则》和《农产品追溯编码导则》以及2009年发布的《农产品质量安全追溯操作规程通则》《农产品质量安全追溯操作规程谷物》《农产品质量安全追溯操作规程 畜肉》，2013年发布的《中药材追溯通用标识规范》等追溯相关法规也对林木种苗追溯体系的建设具有借鉴意义。中国物品编码中心采用全球通用的商品条码、物品编码和射频等识别技术可供实现林木种苗追踪和质量安全追溯。国家质量监督检验检疫总局2002年发布《EAN·UCC系统128条码》，2015年实施《商品条码128条码》。2018年，中华全国供销合作总社发布《农资追溯电子标签(RFID)技术规范》。2020年，工业和信息化部发布《供应链二维码追溯系统标识规则》。

五、现存问题

(一)追溯监管机制还未形成

目前，我国还没有建立起国家级的、统一的、覆盖林木种苗全产业链的林木种苗追溯法规。虽然《种子法》中明确提到了重视林草种苗追溯，但相关的管理细则、行业法规还未制定颁布。同时，基层种苗监管管理机制机构不健全，种苗管理工作力量相对薄弱，对保障国家投资造林的苗木质量管理及追溯还无法采取直接相应措施，也没有建立起有效行动机制。针对全国、区域等的种苗追溯顶层设计还未形成，存在统筹规划滞后、制度标准不健全、推进机制不完善等问题。此外，种苗的流通不仅仅只有林业行业主管各级部门，作为一类商品，种苗追溯流通将涉及其他多个部委。构建种苗追溯体系是一项需要从国家层面乃至国际层面，由林业部门牵头，多部门协作的系统工程。虽然我国已有部分省份、部分企业建立了适合自己区域和行业领域的追溯体系，但距离实现全国性的种苗追溯还有距离。还有许多亟待解决的问题，例如，追溯标准的建立，追溯信息的共享，追溯平台和技术的统一，等等。

（二）追溯标准化体系还未建立

林木种苗类型多样且复杂，种苗质量与产业链多个环节有关。林木种苗追溯从生产到销售再到信息反馈，培育信息、种苗生产信息、加工信息、包装信息、仓储信息、运输信息和销售信息，每个信息都不可缺少。目前，我国已制定了许多林木种苗生产培育等标准，但还未建立有关种苗追溯的行业标准。没有一套标准体系，政府监管部门很难做到监管效率和效益的最大化，难以保证监管体制无漏洞。缺乏种苗追溯标准化体系，种苗生产方可能无法对生产的种苗产品进行评价，也很难把控符合苗木追溯要求的产品规格，也无法实时了解林木种苗市场的动态和趋势。同时，由于没有统一的全国性的种苗追溯标准化体系，种苗消费者可能无法获得权威的种苗产品追溯信息。目前，部分区域内小范围内建立的追溯体系由于没有实现标准化，各追溯体系之间并不兼容。现有种苗生产方采用的种苗追溯信息采集和分析工具还较为落后，大部分还是靠人力和估测。物联网、区块链等对提高林木种苗追溯水平和安全性有显著作用的高新技术束之高阁，仍然不能推广运用到实际操作当中。建立林木种苗追溯标准化追溯体系，还可以解决包括种源质量控制环节、培育环节、运输环节、信息储存和信息反馈等各个环节的信息不对称问题，这是由于种苗追溯每个节点的基础设施、信息化水平各异，不同环节之间链接的信息化接口不同，容易导致上游信息无法传达到下游，下游信息无法反馈到上游。同时，需要指出的是，建立种苗追溯标准化体系，除了政府引导，也需要调动各大林木种苗企业的积极参与，建立标准化追溯体系运行试点，不断更新和完善标准化水平。

（三）缺少林木种苗追溯专项投入

由于我国还没有建立专门的林木种苗追溯机构，各级种苗质量监管机构并无专用经费购置和开发种苗电子溯源系统，这影响了管理部门种苗可追溯工作的开展，难以调动行业各主体加入追溯体系的积极性。此外，对种苗追溯的参与各方来说，投资建设和开展林木种苗追溯也需要资金支持。林业种苗可追溯是一种先进的种苗质量管理技术，能够有效推动林木种苗事业高质量发展，提高种苗市场监管水平和种苗质量安全管理水平，但也同时会增加成本。在开展林木种苗追溯过程中，各方需要投入大量的人力和设备，上游种植生产方需要对林木种苗产品生产过程进行详细记录，并将记录的数据进行商品编码并录入追溯平台，中游从事种苗运输和保存环节的参与方也需要对相关信息进行录入和管理。由此可见，种苗追溯体系各个节点的运行和维护都会导致种苗产品成本投入的增加，而且如果是长周期培育的苗木类型（如大径级苗木生产）短期内也不能获得收益。由于现在林木种苗追溯还在发展初期，参与种苗追溯各环节的参与主体如果能获得一些补贴，对推动整个追溯体系的建立和迅速发展都将是有利的。否则，可能导致种苗追溯成本的增加，并最终由消费者买单。此外，开展种苗追溯，还会增加种苗产品的淘汰率，一定程度上降低了的种苗生产者的积极性。

第二节　林木种苗追溯关键节点与保障机制分析

种苗可追溯体系建设的目标是实现种苗溯源，因林木生长特性导致了种苗生长周期长，发现种苗种植后出现质量问题往往是几年以后，幼苗期种苗品种辨认特征不明显等问题。而实现种苗溯源的核心在于溯源信息能否在种苗产业链之间实现有效传递，并最终实现种苗销售终端的信息查询。林木种苗追溯是追溯种苗生产、运输、贮藏、销售等全程的信息，由于种苗的特殊性，这些流通节点都可能造成种苗的质量出现问题，进而影响最终的造林效果。因此，本节将分析林木种苗追溯过程中的关键节点、质量影响因素和相应的质量安全控制机制，因为林木种苗追溯体系涉及多学科内容，为便于非林学专业从业者理解各节点，本节还对种苗生产的环节进行了简要描述，为后续建立林木种苗追溯体系提供基本参考。

一、林木种苗追溯关键节点分析

（一）种苗培育环节

1. 种源选择

种源是指取得种子的地理来源或原产地，而种子产地指某一树种种子的采集地。同一树种由于长期处在不同的自然环境条件下，必然形成适应当地条件的遗传特性和地理变异。在林木种苗追溯中，种苗生产方应当主动了解和区分种源和种子产地的差异，这是影响种子质量的最首要的因素。如果造林地条件与种源地差异很大，将会出现林木生长不良，甚至会全部死亡的现象。例如，从北京采集的种子种植在内蒙古，应称为北京种源；如果从生长在内蒙古的母树上采种，在北京造林，应称为内蒙古产地和北京种源。

种源质量控制除了对种子按照国家标准检测以外，种子园、采穗圃的信息也要录入数据库中，包括种子园、采穗圃所在地的气候条件、土壤环境以及营养物质含量、地下水位等；母树年龄、生长状况、管理方案等同样也需要记录在册。出售的种质资源应在包装上标明种源地、品种、出库日期等信息。

2. 种子采集和储存

林木种子采集，从造林的角度一般有两个用途，一是采种后育苗，二是直接播种造林。种子质量和遗传力差异较大，为保证造林成活率及保存率，要根据造林地区自然气候以及土壤特征等条件来有效选取。种子采集及存储加工等工作是种苗生产的首个环节。在具体采集种子时，应当依照本地环境条件，合理选用母树(采种树)，使用专用的工具进行种子采集，并记录种子产量。种子采集后一般要根据种子特性进行加工、储存，由于种子类型存在差异，加工、储存手段也不同，其中，储存主要分成湿藏与干藏两种。如果所采种子内水分较低，应当干燥加工后分批分量储存，储存过程中还应当重视种子防虫及防潮工作。这些工作都会对后续种苗质量产生影响。

3. 苗木培育

苗木是林木种苗追溯的目标主体。根据育苗时根系所处的环境及苗木出圃时根系带土与否，将苗木分成裸根苗和容器苗；根据繁殖材料不同将苗木分成实生苗和营养繁殖苗。此外，还有原床苗、移植苗、大规格苗木等类型。这其中培育过程及后续起苗流通过程差异较大的几个主要类型是裸根苗、容器苗、无性繁殖苗和大规格苗木，也是林木种苗追溯信息差异化较大的四种苗木类型。下文将简单描述这几种苗木类型的特点。此外，我国各地区自然气候条件存在较大的差异，这就要求在当地进行苗木培育时选择适合的苗木培育技术，具体操作可参照相关树种的培育技术规程等国标、行标、地标及团体标准。

(1)裸根苗

裸根苗一般是在大田中培育、出圃时不带有基质与根系一起形成的根坨、根系裸露没有保护的苗木，是目前植苗造林中应用最广泛的苗木类型，具有重量小、易起苗、栽植省工、包装运输方便等特点。除了大田培育，裸根苗也可在人工控制的基质或培养液环境下培育。裸根苗培育过程包括育苗方式选择、土壤消毒和种子处理、播种期、播种量、播种方式等工作的确定，以及出苗前的播种地管理和出苗后的苗木管理等内容。

(2)容器苗

容器苗是在装有育苗基质的育苗容器中培育、出圃时带有由育苗基质与根系一起形成的根坨的苗木。容器育苗和普通育苗手段相比，容器育苗优势在于育苗时间较短，种苗的质量及规格较好控制，种苗的出苗率比较高。容器苗大多数情况下是在人工控制的优化环境下生长，生长速度较快，可控性强，一般分为3个生长时期，即出苗期、速生期、木质化时期。容器苗培育可在室外进行，尤其是培育大规格苗木或者多个生长季的苗木，也可在温室内进行。容器苗培育过程主要包括育苗容器的选择、育苗基质的选择与装填、容器苗管理、温室育苗环境控制等，

（3）无性繁殖苗

无性繁殖苗也称营养繁殖苗，是利用树木根、枝、叶等营养器官，或植物组织、细胞及原生质体作为繁殖材料培育形成的苗木。根据使用的器官或组织不同及技术手段不同，又分为插条、插根、压条、埋条、根蘖、插叶、嫁接苗等类型。无性繁殖苗木不经过传粉受精形成种子的过程，遗传变异少，能够很好地保持母本的优良性状，有利于良种的快速繁殖，还能提早开花结实，提前获得目标性状和产品，是培育优良品种的重要途径。无性繁殖苗培育过程包括繁殖材料的选择、获取、保存、根系促生、伤口愈合、繁殖方式确定、苗木管理等，组培苗的培育过程包括外植体准备、组织培养、驯化移栽等过程。可见，相比其他3类苗木，无性繁殖苗培育要求较高，在培育过程中受人为影响因素较大，生长环境要严格控制。

（4）大规格苗木

大规格苗木也称大苗，是在苗圃中培育多年的苗木，一般多用于城市森林建设。大规格苗木具有抗逆性强、景观形成快、绿化功能发挥早等优势，可以在短时间内改变一个区域的自然生态面貌，在当前城市绿化建设中占有的比例越来越大。但大规格苗木培育周期长、占地面积大、资金周转慢，一般需要进行移植，其管理方式包括移植地整理、移植时间、移植次数、移植方法、苗木修剪、起苗方式、移栽后管理等。另外，大规格苗木对移植技术要求较高。

4. 造林地选择

从林木种苗追溯的角度来看，造林地选择有两层含义。广义上来说，造林地选择必须遵循适地适树的造林原则，即种苗只能销往适合本树种生长的区域，这也是种苗追溯体系需要涉及的一个功能。狭义上来讲，造林

地选择包含在种苗培育过程的土地选择中。从种苗追溯的角度来看，造林地是保障苗木质量的一个技术环节，也是种苗生产方及种苗追溯的一项信息。造林地选择不当，会引起苗木死亡，资源消耗等问题，反之，造林地选择得当，苗木生长良好，可以充分利用地力资源，减少栽种基地投资成本，提升栽种基地经济效益（刘笑冰等，2018）。在进行育苗地整地作床时，整地前先施入底肥，并进行土壤杀菌处理，撒入广谱性杀菌剂。

5. 种苗根系保护

根系是植物吸收水养的重要器官。林木种子发育、苗木培育、移植、运输乃至后续的栽植造林过程中，根系的生命力和活力不仅决定着苗木的质量，而且对提升种苗的成活率和保存率可起到决定性作用。不论是一年生苗、多年生苗及大苗，在其追溯周期内都可能涉及一次或多次的根系伤害。在此过程中对苗木根系的具体处理方式主要包括：林木种苗在起苗之后应当对种苗主根与侧根进行修剪，处理完成的种苗能够提升捆绑效率与栽种效率；为了对种苗根系水平生长与垂直生长实现有效控制，在起苗之前应当进行地下切根处理。对大规格苗木来说，在移栽前3~4天，还要对移栽苗木进行灌水，使根系充分吸水，并根据树木的株高、树径等情况，确定土坨大小；然后，根据人工起苗或机械起苗等方式进行打包、封底、吊装、运输和栽植，栽植后还要进行支撑固定等精细管理。

6. 施　肥

土壤肥力是决定苗木生长健壮与否的重要因素。在林木种苗追溯全过程中，涉及土壤肥力的环节主要根据苗木类型而异，例如，大田育苗中的苗圃地施肥，容器苗的营养基质配施等环节。苗木生产属于对苗木的整株利用，苗木生长的过程伴随着对土壤养分的吸收，意味着苗木将这部分土壤养分永久转移。伴随种苗不断成长，土壤内部的养分与有机物将不断减少，若无法得到及时补充，种苗就会由于缺乏养分而使质量受到影响。为了持续培育出高产、优质的苗木，必须保持和不断提高土壤的肥力。提高苗圃地土壤肥力的措施包括土壤耕作、施肥和轮作等。此外，容器苗在移栽到土地前也涉及少量的基质养分供应。整体而言，施肥环节包含施肥种类、施肥量、施肥配比、施肥时间、施肥次数和容器苗基质的选择等环节。

(二)运输环节

苗木运输环节是以保障苗木成活率和健康度为目标的。起苗后的装车、运输、卸载都会对苗木质量造成影响,在运输环节特别要对苗木的树干、树冠及根部土球进行保护,需要要求种苗运输者在运输过程避免颠簸和可能对苗木造成伤害的挤压,从而保障苗木根系的完整和树形结构的规整。另外,苗木的原土壤土球也应当保障其完好性,以便买方采购后能够栽植成活,并在后期也能够具有较好的健康度。

具体的苗木运输过程,首先应对苗木轻拿轻放,避免运输中人为因素对苗木的损害。其次,采用机械作业来减少苗木移动中的剧烈振动。对于一些成型的大规格苗木,它们的根系比较发达,根部的土球层以及土球重量非常大,若采用传统的人力搬运,不仅效率低下,同时也容易影响苗木的成活率。因此,在苗木运输过程中,对于大型苗木或者重量较大的苗木,应该采用机械搬运的方式。吊机是苗木运输过程中最常见的机械设备,在起重过程中,应保持好苗木的重心,并保证苗木土球的方向与车头一致。除此之外,在苗木运输过程中,应该采用化学方式或者物理遮盖等方式来增加对苗木根部的保护,使苗木处于合适的湿度与温度环境中(单颖珊,2019)。

(三)销售环节

苗木销售的类型可以分为内销型和外销型两种,分别是"行业内部销售"和"行业外部销售"(焦自龙,2020)。前者可以理解为苗木流通仍然在造林之前,例如,两个种苗种植培育方之间的苗木交易,内销的苗木依然存在于苗木行业,依然占据着苗木行业的总库存,仅仅是将苗木从一个地方转移到了另一个地方,但并没有将其消化掉;后者可以理解为苗木培育过程已经结束,苗木将流通到造林阶段,是苗木销售的真正终端,苗木销售给行业之外的人或群体,苗木出圃并到达项目现场后,就不再占据全国苗木库存,这属于商业上的彻底消化。内销不是苗木的终点站,只能是中转站,因为内销的对象将来还会继续内销或外销。目前来看,存在林木种苗行业内销严重,外销进展缓慢的问题。

林木种苗产业中,苗木的内销和外销是贯穿其中的,但不论外销还是内销，都涉及苗木的转移。本节销售环节，从苗木为对象出发，苗木每一次移栽流通，都有成活率的风险，这意味着苗木在销售过程中可能会死亡或导致质量降低。故而，苗木的销售和流通距离也是一个很重要的追溯因素，但这往往并不是受追溯体系本身决定的，而是由施工单位的移栽技术和护养技术决定的。苗木行业应该以提升苗木成活率和健康度为使命。内销的卖方为其买方提供的幼苗或半成品苗要具有强大的根系，以及规整的树形结构，便于买方采购后快速培养出优质的出圃工程苗；外销的卖方为其买方提供的出圃工程苗，要土球完好、抗逆性强，便于买方采购后能够轻松栽植成活，并在后期也能够具有较好的健康度，也要求苗木的卖方在苗木栽培时注重根系的培养与树体的修剪与管理，重视苗木的抗逆性锻炼，不能为了追求高生长量而大水、大肥催苗，从而为苗木在项目现场的存活与恢复树势埋下隐患。

（四）消费环节

从种苗质量角度来讲，消费环节也可以间接影响种苗的质量。例如，消费方对苗木的需求量、栽植场地、后期维护等，均可以对上游和中游的种苗流通产生作用。从更广角度来说，区域的经济水平、气候条件、人文历史等都可能会对种苗的需求产生不同的影响。种苗追溯体系为各参与方提供种苗供应信息，上游生产方上传的详细种苗信息可以降低消费者的信息获取难度，而消费者也可以提供用苗需求，降低上游苗木生产者的盲目种植，实现苗木供需在全国性、区域性、地域性的种苗供需精准适配。种苗追溯体系也能起到促进林木种苗市场化水平，提高政府宏观引导的积极作用，缩短苗木滞留在生产者苗圃的时间及与消费者的距离，进而提高造林成功率。

二、种苗培育节点主体作用分析

种苗可追溯体系建设离不开政府和种苗产业链各环节利益主体的共同努力，作为种苗产业链的利益主体，种植农户的积极参与在种苗可追溯体系建设中起到非常重要的作用，更准确地说是对于种苗可追溯体系建设具有基础性作用，后端的追溯环节都要基于种植农户前期对种苗所进行的信息采集与管理档案建立工作，才能保证种苗可追溯体系从种苗种植到销售环节最终到消费终端查询的实现。

（一）种苗培育中的主体作用

农户、苗圃、企业等是种苗培育过程中的主要行为主体。在我国，由于种植农户管理较为粗放，加之许多农户文化程度不高，没有对种植过程进行田间记录的习惯，导致苗木经营过程无法量化，种苗质量控制大多依靠种植户积累的相关经验。种苗生产企业对种苗种植过程的质量信息也缺乏足够的掌握，后期出现问题也无法寻根溯源，及时解决。同时，由于许多种苗企业并未建立完整的生产质量管理档案，质量监管部门与农户无法获知种苗生产培育过程中的投入品数量与品种，对加工、存贮过程中是否存在外源性损害也不清楚。这不仅使种苗产品面临较大的质量风险，也增加了各方对质量信息的搜寻难度，提高了由信息不对称引致逆向选择与道德风险的可能性。而实施林木种苗质量追溯可以要求或强制相关种植户、企业建立生产质量档案，提高种苗产品生产与流通领域质量信息的透明度，为下游消费者的购买决策提供可靠的质量依据。

农户、苗圃、企业等种苗培育过程主体的参与动机主要来源于获取经济收益，即来自经济利益的驱动。但在培育过程中实施种苗质量追溯中的生产过程追溯，也是有一定的难度。例如，苗木的信息标识佩戴，需要人工一株一株系上，费工费时，人工成本高，并且在种苗培育过程中会出现标识破损、脱落、模糊不清等情况，需要种植工人一遍一遍地认真检查后才会发现，这要求各种植主体担负起责任，确保能够对出现破损、脱落、模糊不清的标签重新及时更换，保证追溯信息的完整。这种情况在其他农业产品追溯中也曾出现，给追溯体系建设造成不利影响。另外，种苗信息档案的建立和记录同样费工费时。先前调研发现，部分种植户选择种植林木而非粮食作物，就是为了省时省力，因为苗木种下后不需要精细的管理，而且节约成本。信息档案的建立无疑会要求种植主体对各项田间工作进行记录，而且若要建立信息化的追溯体系，还需要种植方具备一定的文化基础。否则，其只能聘请专业人士进行种苗追溯的信息管理工作。这样一来，苗木种植方会认为所付出的劳动相较于没有实施可追溯体系之前增加很多，所以种苗价格方面也应得到相应的回报。为此，只有通过政府或相关行业组织提前布局，做好宣传引导工作，真正让种苗培育方清楚了解参与种苗质量追溯的短、中、长期利害关系，切实感受参与种苗质量可追溯体系是可以获得经济利益的，才能确保其按照林木种苗追溯体系的要求开展规范性的种植与记录。

（二）培育阶段信息管理的主体作用

种苗可追溯体系建设的重点工作，就是明确和准确记录种苗培育管理的全过程，并且做到准确、真实、实时记录，每个环节都有数据信息作为依据。种苗培育主体有责任和义务对苗木建立信息管理档案。信息管理档案除了信息标识上的基本信息外还应记录种植地的基本情况，包括气候、降雨、土壤类型、土壤矿物质含量、地下水位等。种苗培育管理过程的一系列信息也应如实记录。例如，各种苗培育方应在育苗初期对每株苗木标号并安装信息标识，种苗信息标识作为种苗众多特性的信息载体，是信息可追溯体系的重要组成部分。若为从种子萌发的实生苗，则应在培育容器上标注相应的信息，当种苗移植到大田中栽培时，应及时佩戴信息标识。标签上的信息包括但不限于苗木编号、种子、无性系或苗木的品种、种子或无性系的种源地、种植时间。每株苗木匹配一个标号。应将种苗培育管理的过程进行记载，包括每次浇水、施肥、除草、杀虫的时间和药品用量，肥料和除草、杀虫剂还需记录施用种类等信息。也不应当隐瞒一些影响种苗质量的培育事实，例如，同批苗木曾发生病虫害、甚至死亡等信息，都应确保及时地在相应的管理档案中记录。同时，种植方还应加强标识信息的保护，若种苗所安装的信息标识因为日晒或水浸严重磨损、破损、脱落的，应当及时更换新的标识。

在实际生产中，种苗信息管理档案的建立和责任应落实到具体的部门和个人，根据工作量测算每种苗木类型的在圃时间和培育计划，以此来计划分配苗木的管理记录。种苗管理档案中应有管理负责人的姓名与联系方式。此外，政府作为监管机构，也应通过制定严格的法律法规要求没有加施信息标识或没有完整的种苗管理档案的苗木不能进行出售。政府和相关林业管理部门应加大对种苗培育方的监管力度，因为这个环节是种苗质量控制的基础关键节点，相比运输和销售等环节，培育环节涉及面更广，体系也更为复杂。政府还应引导和鼓励相关种植主体将物联网、区块链等技术运用到培育环节，让主体认识到，通过使用这些高新科技，可以保障数据收集的准确性和及时性，可以保障采集到的数据的安全性，不至于丢失和遗弃，也可以节约大量的人力。

总体来说，种苗种植方要在种植过程中建立相应的种植档案，将种苗来源、化肥、农药和除草剂等农资投入品的使用情况、水与土壤等生长环境、极端天气情况等的相关信息记录在种植档案中，并及时上传到追溯平台，以利于追溯各方掌握种植过程的质量信息。种苗培育方的主体职责是负责记录种苗培育过程的质量信息，并将相关信息录入数据库系统，并将相关质量信息传递给用苗企业及用户。种苗生产企业的职责是将大田用苗的来源、种植基地的基本情况、种植农户的个体情况、种植过程的产品投入、种苗产品的拣选、加工及包装过程的相关信息进行详细记录，并录入数据库系统，同时记录种苗的去向，向下游企业传递必要的质量信息。在林木现实流通过程中，种苗种植方、种苗培育方、种苗生产企业追溯信息提供方可能是同一个单位，例如，各类苗圃、园林绿化企业等。

三、种苗运输节点主体作用分析

前文已经介绍了苗木培育后移栽的相关内容。在结束了苗木培育环节之后，苗木培育主体一般有两个运输选择，一是负责将自己生产的苗木运送到消费者指定的地点；二是消费者负责联系运输车辆，将苗木从培育方运输到目的地。双方在选择运输方式的过程中，大多是考虑控制经济成本。在这个过程中，苗木类型也是决定运输成本的重要因素，成本最低的运输类型是短距离小苗运输，同理，长距离的大规格苗木则会导致用苗成本陡增。而且还存在另外一种情况，那就是培育方和消费方委托第三方进行运输，这个第三方可能是个人也可能是公司。在这个环节，种苗质量的保证可能更多的是依靠种苗培育方、消费方、运输方三个运输节点参与主体的经验。前文提到，苗木移栽过程中，运输是非常关键的环节，也是影响苗木成活率的重要节点。若在运输过程中，造成苗木根部或者枝干部分破损，极容易影响苗木的整体成活率。例如，在运输油松一类的针叶树过程中，如果造成其顶芽受损，那油松苗木的高生长在很大程度上就会受到影响。

在种苗运输环节，运输参与方应根据所运输的种苗类型和规格，采取科学合理的措施保护种苗在运输过程中的生活力。政府等林业主管部门应重视运输环节在林木种苗追溯体系中的作用，规范和引导运输参与方进行种苗运输的行为，可参照农产品等追溯方法，对于一些有必要的种苗产品，例如，珍贵树种、长距离运输的种苗，可以使用物联网等技术实时记录运输过程中苗木所处环境的温度、湿度等环境因子，参与林木种苗追溯体系的各方均可通过加入互联网的传感器，实时掌握运输环节各时刻环境因子变化，通过分析环境因子的变化可以做到预测环境的变化趋势，从而及时调整，预防在影响苗木健康的环境下实施运输。

四、追溯信息管理节点主体作用分析

林木种苗追溯体系中包含的海量信息需要专门的专业机构主体进行平台搭建、管理以及后台维护。追溯信息管理主体可以是专业公司。其主体作用主要是根据林木种苗追溯体系的特征，搭建现代化信息管理技术平台，并为追溯体系其他参与主体提供技术支撑。例如，为种苗培育主体提供技术培训，告知其如何给每株苗木编号，如何记录并保存相关管理信息，如何上传至网络等。同时，该主体还应对追溯数据库平台进行日常的管理维护，从而确保和方便各主体能够随时获取准确的追溯信息。追溯信息的安全存储贯穿于整个信息处理环节的各个过程中，是实现种苗追溯的核心安全部分。信息存储是记录、整合各个可追溯体系主体所收集到的信息的重要一步，可以使各方信息得以透明化和共享。种苗可溯源体系利用物联网技术采集苗木种植信息，生产记录的具体形式可以结合现实需要作合理的调动，如向信息化条件较好的种植农户提倡网络递交的模式，从而在政府实地检查必要的同时，更加及时、有效地获得农户的生产信息，提高质量追溯实现的效率。追溯信息管理主体还需负责追溯信息数据库的维护与报告，使用大数据技术对收集到的种植管理数据进行系统对比与筛选，通过大数据算法识别出异常数据值，从海量的数据中筛选出有效数据，对采集到的数据进行实时分析，做到问题的及时反馈，并定期报送至监管部门或苗木管理人员，管理人员及时检查，配合各方人员对追溯体系进行及时调整。

林木种苗追溯体系内的追溯信息确定需要实现标准化，这就要求政府及相关林业管理部门在种苗追溯信息管理环节发挥应有的监管和指导作用，组织和参与制定相关的林木种苗追溯信息标准与技术。其他林木种苗追溯主体可能无法具备开展该项工作的能力。通过开展林木种苗追溯信息的标准化建设，可以明确提出不同林木种苗追溯的重要和关键信息，并在此基础上对重点环节的记录提出明确要求，合理引导运用奖惩机制，从而维护林木种苗追溯体系的良性运转。

五、消费者反馈节点主体作用分析

林木种苗可追溯体系的建立不仅需要满足种苗培育方、运输方、监管方等参与主体查询信息的功能，还要及时对下游消费者主体的反馈进行处理，例如，针对种苗质量提出的投诉信息、相关企业的监督举报信息等进行反馈，以帮助消费者及相关企业解决遇到的实际困难。某种程度上来看，建立种苗追溯体系的意义也在于此，即消费者的用苗质量反馈是激发种苗质量开展溯源的重要原因。信息反馈管理必须以快速、准确为基本原则，不然就会使消费者遭受更大的利益损失，影响可追溯体系的实施效果及参与主体的参与意愿。

该节点涉及的主体除了消费者还有信息平台管理方，该机构主要负责追溯体系的开发、数据库建设与维护、用户权限分配、入网企业审核、数据综合分析、监控相关数据流动，从而保障整个追溯体系正常运营及信息的有效传递。在出现消费者溯源诉求时，首先，需要消费者反馈方填写反馈意见及投诉理由，信息平台的系统管理人员对反馈信息进行核查，在数据库中追溯种苗质量问题来源，并对数据信息进行核实。如果反馈属实，则进一步在追溯体系中查找相关环节的主体负责方，通知其对反馈信息进行确认与说明，并根据相关法律法规等对其作出处理决定，并将处理结果告知消费者反馈方。还有一种情况是，如果出现了大范围的林木种苗质量问题，还需上报监管方，相关政府及主管部门启动应急预案，责令责任方解决种苗质量问题，包括产品召回、补植补造、经济赔偿等。如果消费者提出的反馈信息经核实有误，那追溯体系相关方将拒绝投诉申请，并将拒绝的理由及结果告知消费者。

种苗质量监督管理部门的职责主要是负责对种苗生产的各个环节进行质量监督与检查，并对种苗产品进行不定期的质量抽查，确保追溯体系信息的真实性与准确性，保证种苗产品符合相关国家标准，并在种苗产品出现问题时及时找到相应责任企业，监督企业对问题产品施行召回，并追究相关企业与负责人的责任。

第五章

我国林木种苗追溯体系建设

本章在第四章的基础上提出了我国林木种苗追溯体系建设的指导思想与原则，阐述了种苗追溯体系构建的基本思路及系统构架，介绍了可适用于林木种苗追溯体系构建的六项关键技术，提出了追溯体系的构建结构，对主要林木种苗类型追溯节点及质量控制要素进行了详细介绍，并提出了林木种苗追溯体系的纵向及横向管理结构方式。

第一节　指导思想与原则

林木种苗追溯体系的构建必须考虑我国林业发展现状，立足于我国林木种苗现有基础，通过吸取国内外相关产品成熟的追溯体系建设理论及方法经验，结合我国已有的林木种苗追溯基础提出。

一、指导思想

以习近平新时代中国特色社会主义思想为指导，践行"绿水青山就是金山银山"理念，遵循《种子法》精神等相关法律、法规及意见精神，以推进我国林草种苗事业高质量发展为中心任务，以提升种苗质量安全保障水平为目标，按照满足种苗"源头可追溯、生产有记录、流向可追踪、信息可查询、产品可召回、责任可追究"的基本要求，充分发挥市场在资源配置中的决定性作用和更好发挥政府对种苗产业的监管作用，构建以现代信息技术为支撑的林木种苗追溯平台，推进种苗生产和管理现代化，加快促进建设形成覆盖全国、先进适用的林木种苗产品追溯体系，促进种苗质量安全综合治理，提升种苗质量安全与公共安全水平，开创种苗事业高质量发展新局面，为实施大规模国土绿化行动和推进林业草原现代化建设提供坚强有效的保障。

二、基本原则

1. 统筹规划与地方管理相结合

统一基础共性标准和建设规范，实现跨部门跨区域协同、资源整合、设施及信息开放共享。应优先选择国际化或者国家、行业内的通用原则与术语、编码系统、技术方案等。

2. 政府引导与市场化运作相结合

在做好政府主导的试点示范工作和公益性追溯管理平台建设同时，强化种苗生产单位主体责任，支持行业组织和企业自建产品追溯体系，并与政府和相关机构实现追溯信息互通共享，促进公益性和市场化两类追溯平台有机衔接、协调发展。

3. 形式多样与互联互通相结合

坚持创新驱动，推进追溯理论、模式、管理和技术创新，鼓励追溯制度建设运行多样化发展。坚持追溯信息互通共享，统一优化公共服务，注重生产源头追溯信息的真实性、中间环节信息链条的连续性、消费端追溯信息获取的便捷性。

4. 成本控制与节约原则

建立林木种苗追溯体系，需要各级参与主体投入大量的人力、财力和物力，种植方、销售方及相关管理部门在开展种苗可追溯过程时，要充分进行市场调研和技术经济性评价，充分考虑经济成本，选择适合的技术与设备，切不可盲目追求先进性，导致得不偿失。

第二节　建设思路与追溯体系构架

建立种苗追溯体系首先要明确顶层构架思路。根据我国林木种苗生产特点及行业需求，追溯体系主要包括追溯信息采集、信息传递处理和信息查询三个层级，此外，还应包括种苗追溯信息管理系统及服务办理系统。

一、建设思路

我国目前还没有从国家层面建立统一的林木种苗追溯体系，从市场上来看，绝大多数林木种苗不可追溯，充斥着大量的不可追溯种苗产品、质量低下产品，对我国建设高质量林业目标造成了极大的安全隐患。因此，重整国内林木种苗市场，推行林木种苗追溯体系非常必要。通过前期调研发现，国内外其他行业领域已建立了不少产品质量追溯体系，如药品、食品等行业，这些行业产品追溯体系的建立就是为了保证其质量安全，降低质量风险。在构建林木种苗追溯体系时，可以通过分析各行业追溯现状、追溯体系、运行情况和技术运用等，结合林木种苗类型和生产流通特点，提出林木种苗追溯体系的构建方式。

二、总体构架

（一）三个主要层级

种苗追溯体系可根据溯源的触发层级进行架构，大致可以分为追溯信息采集、信息传递处理、信息查询三个层级。其中，种苗追溯信息采集层级的主要功能可使用物联网技术、现场信息快速采集技术等先进技术，对进入种苗市场的相关种苗产品信息进行数据采集与上传，以获取相关培育信息、种苗生产信息、加工信息、包装信息、仓储信息、运输信息和销售信息，为整个追溯体系提供数据支撑。

种苗追溯信息传递处理层级的主要功能是通过编码技术、RFID技术、信息交换技术、代理（Agent）技术构建培育、储运和销售三个质量安全管理子系统，实现种苗从培育到销售的全产业链管理，并通过数据传输、交换、汇总与分析，使管理部门掌握全国种子质量的总体情况，并对可能出现的种子质量问题进行提前预警。

种苗追溯信息查询层级中，主要通过手机、电话、网络、固定终端设备与移动终端设备等多种形式为种苗消费者与种苗相关管理部门提供相应的质量信息查询服务，并针对消费者的质量投诉反馈返回信息处理系统，查找问题来源，对相关问题进行及时处理、反馈，完成种苗产品召回与责任处罚等程序。

(二)信息管理系统

种苗追溯信息的收集与处理是开展质量追溯的核心。追溯信息的管理涵盖前文提到的种苗追溯关键节点，即种苗培育节点、运输节点、销售节点、消费节点等。追溯信息系统平台的设计内容包括：平台建设的需求、平台建设的软件和硬件技术和要求、平台数据库系统类型等。需要使用的具体技术涉及各种苗追溯关键节点的信息收集技术、平台管理使用技术以及实现节点与平台信息共享的技术等。目前，可用的信息管理技术大致包含物联网(包括传感器，RFID 技术等)、区块链技术、数据库技术、SaaS 系统等条码技术。

在追溯信息管理系统的设计过程中需要注重分析从种源到苗木销售各环节的风险和注意事项，确保各环节的操作合理、科学，并且保证数据准确上传，从而保证林木种苗质量追溯平台的产品信息链完整且真实有效。不仅如此，信息管理系统还应具备林木种苗市场分析功能，通过整合林木种苗市场供需信息数据库，为追溯各主体提供林木种苗特征、数量、适合种植区域等信息。

(三)服务办理系统

种苗追溯体系的主要使用方是各环节主体，包括种苗生产方、运输方、消费者方，除了提供种苗追溯信息、溯源申诉反馈、质量问题处理等功能，还可以整合其他有关林木种苗管理的服务功能，最大化实现林木种苗质量的透明化、便捷化管理。其可整合的服务功能包括：种苗生产经营许可管理业务办理，种苗生产经营备案业务办理，企业种苗进出口管理业务办理，种苗品种登记业务办理和种苗追溯管理等。用户界面设计充分面向各追溯主体，积极为其提供多种服务途径，不局限于通过电脑登录网站进行查询，在当今移动互联网高度普及的情况下，可以开发多种种苗追溯系统客户端，例如，微信公众号、微信小程序、App 等，以供参与种苗追溯体系各方的人员和单位使用系统。

需要注意的是，系统的建设应在充分了解市场实际情况的前提下进行设计和摸底，听取各方意见，并可选择部分基础条件好的省份开展区域试运行，例如，可以选择油茶等几类品种清晰、市场成熟的种苗产品统一开展试点，将根据试运行情况进一步完善国家平台业务功能及操作流程。不断总结试点经验，探索追溯推进模式，逐步健全农产品质量安全追溯管理运行机制，进一步加大推广力度，扩大实施范围。在试点完成后，积极对林木种苗质量追溯平台进行改善并且加大对其的宣传力度，并且将其正式投入市场，引导生产商和消费者加入使用。

第三节 平台构建技术

参考其他成熟商品可追溯系统，建立林木种苗可追溯系统的支撑技术主要可以分为两个方面：系统应用模式和追溯信息安全技术。系统应用模式主要分为 C/S 架构或 B/S 架构的单一企业应用模式和基于 SaaS 的多租户应用模式。追溯信息安全技术包括：条码技术(溯源码和二维码)、无线射频识别技术、区块链技术(刘津，2019)。

一、区块链

区块链是一种基于哈希值的新技术，它是交换加密货币和执行智能合约平台的基础(黄向明等，2016)，包含 5 个结构，分别是物理层、数据层、网络层、共识层和应用层。它允许安全地存储、验证包括交易等任何类型数据，而无需任何集中授权。分布式信任以及安全和隐私是区块链技术的核心。因此，区块链技术目前被认为是解决追溯体系中信息安全和加密的有效手段。

区块链的功能特性包括以下几个方面。

1. 去中心化

区块链采用分布式存储方式，数据不需要集中控制，同时交易过程不需要第三方机构的参与，网络中每个节点都是平等的，所有节点共同保障区块链上的数据安全。

2. 信息不可篡改

经过区块链网络节点共识认证的信息会被一直地保存在区块链中，同时所有节点共同保障其安全性。若想对数据进行修改需要得到网络中大于51%的节点的同意，否则无法改变数据，所以区块链具有很强的信息安全性和可靠性。传统数据库中，客户端可以对数据执行四个功能：创建、读取、更新和删除（统称为 CRUD 命令）。区块链中所有历史数据会被一直保存，不能修改，只能以添加数据的形式来对需要修改的数据进行说明。因此，区块链对数据执行的操作是：创建和读取。

3. 信任机制

区块链上的所有交易信息都是公开透明的，通过数学方法和密码学算法来使交易双方不需要在中心机构的认证或参与下，就可以建立信任关系。

4. 开放性

系统是公开透明的，除了网络节点的隐私信息被加密外，任何人都能利用开放接口对区块链上的信息进行搜索，同时对相关软件进行开发；并且，每个用户看到的是同一个账本上记录的所有交易信息。因此，整个系统信息高度透明。

5. 自治性

区块链采用公开透明的一致性标准或合约，可以使整个网络中的任意节点在没有信任机制的环境中进行数据传输，不受人为干预的影响。

6. 匿名性

任意节点之间的数据传输必须依赖既定的算法协议，所以交易双方之间不需要彼此了解与信任，有助于信用积累。

7. 可追溯性

区块链是由区块连接起来的链式数据存储结构，每个区块都被盖有时间戳印证，具有唯一性，通过时间戳可以对区块信息进行追溯，因此区块链可被应用在信息追溯中(李涛和李玥,2017)。

信息数据库的长久安全使用离不开数据保护,利用区块链技术对种苗追溯体现提供网络安全信息保护工作。基于纸张的记录很难满足快速追溯的需求,各个生产技术环节的技术参数必须记录到中央数据库或者无缝地与数据库框架相链接,从而实现数据共享。登录种苗追溯系统必须要通过实名与身份认证,每人对应一个账号,建立起相应的保护措施,保障数据录入、数据存储、数据使用等过程的安全问题。

二、物联网

物联网是指通过二维码识读设备、射频识别(RFID)装置、红外感应器、全球定位系统(GPS)、激光扫描器等信息传感设备,按约定的协议,把任何物品与互联网连接起来,进行信息交换和通讯,以实现智能化识别、定位、跟踪、监控和管理的一种网络(D. Brock,2001)。关于物联网相关技术的研究,美国加利福尼亚州大学洛杉矶分校的 WINS(Wireless Integrated Network Sensors)实验室、CENS(Center for Embedded Networked Sensing)实验室和 IRL(Internet Research Lab)等都开展了大量的无线传感器网络方面的工作(B. Calmels et al.,2006)。国内的南京邮电大学无线传感器网络研究中心开发了基于移动代理的无线传感器网络中间件平台。清华大学、北京邮电大学等高校在无线传感器网络的网络协议、体系结构等方面也都取得了一定的理论研究成果。

其中的射频识别技术 RFID(radio frequency identification),又称电子标签、RFID 无线射频识别技术或电子标识技术,利用射频标签承载信息,是无线通信技术的一种。其可以通过感应、无线电波或微波能量识别特定目标并读写相关数据,而无需在识别系统与特定目标之间建立机械、光学的接触。RFID 技术的特点是可以非接触识读(识读距离可以从十厘米至几十米)、可识别高速运动物体、抗恶劣环境、保密性强以及可同时识别多个识别对象等,是实现物流过程货品跟踪非常有效的一种技术(刘俊华等,2006)。完整的 RFID 系统由 3 部分组成:阅读器(reader)、电子标签(tag)和应用软件系统,一度受美国农业部推荐采用。RFID 系统具有数据存储容量大、读取方便、识别响应速度快、可重复使用、使用寿命长等优点，并可在高温等恶劣条件下使用，因此被广泛用于食品等质量安全追溯中。利用 RFID 技术可以有效地记录操作时间和地点。例如，在每个农事操作工具以及每件农事资料上都贴上 RFID 标签，当生产基地管理人员携带农资或农事工具进入大棚对蔬菜进行处理时，大棚门上的 RFID 天线将获取该农事工具的信息并存入数据库。根据农事规则得出农事操作名称，将农事操作记录系统中，从而完成该农事操作过程的信息采集。例如，在进行蔬菜的施肥操作时，生产基地管理人员携带施肥工具进入大棚后，大棚门口的 RFID 天线将获取该工具的信息，并将该工具信息和当前时间传给系统，当生产基地管理人员携带该施肥工具进出棚与当前时间存入系统，系统根据农事规律及该工具的信息将得出该农事操作，并记录该农事操作及时间段(许博明，2017)。

当前，物联网技术在国外被广泛运用到数据采集系统当中，例如气候记忆(Climate Minde)以草莓作为研究对象，应用物联网技术开发了一套草莓生产过程的数据采集系统，这套系统能够感知温室中空气和土壤的实时数据，为保持草莓最佳生长环境会对草莓进行自动地浇水、喷雾和调温，并且记录草莓的生长数据作为草莓追溯的数据基础(许博明等，2017)。国内企业可以仿照 Climate Minde 的草莓物联网数据采集系统，在国内进行相似的物联网数据采集系统建设，应用于国内的蔬菜种植大棚或者是植物苗木培养的实验室内。

目前，已知物联网技术存在两方面的优势：①技术优化。物联网将设备的关键功能和数据关联起来，使得改善客户体验的技术和数据更易于使用，并有助于对技术进行更有力的改进。②减少浪费。物联网使得改进领域变得清晰。以往的分析工具为我们提供了浅薄的洞察力，但物联网提供了真实的信息，可以更有效地管理资源(代纪磊，2019)。

三、SaaS 系统

目前，国内溯源行业尚未发展成熟，主要靠国家政策督促企业执行。有足够发展能力的企业为迎合消费者需求，开始研发适用于自己产品的追溯体系，然而没有足够资金的小型企业开发追溯体系反而会造成经济压力。

SaaS 是云计算技术三种 IT 服务模式之一，其软件模式主要是应用服务租用。客户根据自身需求向服务供应商订购服务。相较于独立开发一款适用于自身企业的追溯体系，中小型企业以客户身份去订购应用服务显得更加经济划算(王力坚等，2015)。可以利用 SaaS 模式开发一个可以供多个中小企业通用的追溯系统。另外，作为应用服务租用，利用 SaaS 模式可以开发一个供多个中小型企业通用的追溯系统，这样也可以解决关于追溯系统通用性的问题。

四、条码技术

条码技术是信息录入自动化的重要手段，是通过光电扫描等设备对条形码进行信息识别，以实现数据的录入、处理、读取等，并对数据进行系统管理。条码技术最早产生于 20 世纪 20 年代，诞生于美国西屋电气的实验室里。克莫德(Kermode)发明了最原始的条码标识方式，原理很简单，1 "条"表示"1"，2"条"代表"2"，以此类推，这个算是现在的条码技术的雏形。当然为了能快速识别条码，靠肉眼识别并不方便。于是，Kermode 又发明了简易的条码识读设备：一个利用发射光并接收反射光的扫描器，一个边缘定位线圈和译码器(张凯，2016a，2016b)。条形码按照携带信息的方式可以分为一维码和二维码两大类(Sriran T et al.，1995)，一维码只能存储一个信息，比如一个 ID，信息存储量非常小，人们通过扫描这个一维码，在计算机网络中调取出这个 ID 代表的数据(张凯，2016a，2016b)。二维码兴起得比较晚，是最近几年才在社会上普及的，因为增加了一个维度的关系，具有庞大的信息携带量。二维码一般是方形结构和点阵形式(黄宇，2013)，在这个方形结构中能存储很多的信息，包括文字、图像、指纹、签名等，并可脱机使用(张凯，2016a，2016b)。条码技术具有操作简便、实用性强、成本低、稳定可靠等特点。EAN·UCC 系统在全球贸易项目代码(global trade item number，GTIN)、全球位置码(global location number，GLN)、系列货运包装箱代码(serial shipping container code，SSCC)

和应用标示符(application identifier，AI)、全球服务关系代码(global service relation number，GSRN)和全球单个资产标识(global individual asset identifier，GIAI)等一系列编码方案的支持下，通过扫描等方式实现自动数据获取，通过电子数据交换(electronic data interchange，EDI)或者互联网实现数据通信，成功地应用于对饮料、肉制品、鱼制品、水果和蔬菜的可追溯体系中(孔洪亮和李建辉，2004；刘俊华等，2006)。条码技术被广泛运用于食品包装环节，用于供消费者扫描以获取产品的相关信息。在追溯体系中条码技术可以起到对产品生命周期的信息记录承载作用，供消费者了解产品从生产到销售的全部信息。

五、网络技术

网络是将各个节点分散的信息连在一起的桥梁，LAN、WAN等有线网络技术和GPRS、蓝牙等无线通信技术以及因特网技术为可追溯体系提供了支撑。通过因特网及XML技术的应用，实现数据集中存贮、管理，数据输入后可立即查询，突破企业防火墙的限制，拥有低维护成本和客户端零安装优势(王立方等，2005)。

六、GPS和GIS技术

全球定位系统(GPS)技术是24小时全天候定位数据获取的重要手段；地理信息系统(GIS)是电子地图显示和分析平台。随着GPS技术的民用化以及服务和设备成本的降低，许多可追溯系统已经加入了产品个体和产地地理位置引用信息和相关分析功能，在某一生产环节出现问题时能够提供更多辅助决策信息(王立方等，2005)。例如，将GPS、GIS与RFID技术综合应用，可用于种苗追溯的运输环节，在此基础上实现对种苗运输物流的全程监控模型和系统框架。

以上各类技术均已经运用到食品、农作物、牲畜等产品的质量追溯中，并取得了很好的追溯效果。林木种苗追溯体系的平台设计可以通过考虑种苗类型、技术成本等因素，选择或者集成以上相关技术。

第四节 林木种苗可追溯系统构建

本节主要介绍了林木种苗可追溯系统的构建目标，以及基于此目标提出的追溯链层级模型。林木种苗追溯系统由中央控制平台、区域平台、企业端管理信息系统、用户信息查询平台4部分构成，分为7个运行模块。节末提出了适合于林木种苗追溯的一维及二维码编码规则。

一、追溯链层级模型

种苗质量可追溯系统是一个涉及多层级管理、多主体参与、多技术手段、多模块运行的综合性系统，在构建种苗质量追溯系统的过程中，需要明确系统建设的目的、目标及相关原则，在总体框架的导引下设立相关功能模块、软硬件选择与数据库建立，从而保证各系统的顺利实施。质量追溯系统可以弥补交易双方信息不对称，促进市场正外部性的效应发挥，减少甚至杜绝负外部性的不利影响，从而减少农户对准公共产品质量搜寻的成本。因此，在种苗市场推行质量追溯系统，具有规范企业质量管理、加强产品质量明度、明确问题产品相关责任的目的。种苗质量追溯系统的建设目标总体来说就是"源头可追溯、生产有记录、流向可追踪、信息可查询、产品可召回、责任可追究"。

源头可追溯指种苗追溯体系要求对种苗的审定情况(植物名称及品种编号、是否转基因)，品种保护(品种名称与编号、品种权人)，适种范围，品种特性，亲本来源等相关信息进行记录，这样就可以通过种苗质量追溯系统查找到种苗生产的源头，以确定品种本身的性状是否符合国家相关标准，种苗亲本是否存在质量问题，从而为之后的产品生产提供质量依据。

生产有记录是指种苗追溯体系要求种苗在生产前对其生产经营许可(申请企业名称、许可编号和签发机关)以及种苗生产经营备案和种苗质量监测机构信息(机构名称、地址)进行记录。生产过程中的记录分为大田生产记录与种苗企业内部加工两个部分。对于大田生产，应详细记录栽培过程中所使用的化肥、农药等相关农资产品，对突发的恶性天气状况也应记录在质量档案，从而保证栽培过程安全，避免农资产品使用过量，并对可能出现的种苗质量问题做出判断。对于种苗企业内部加工部分则要记录种苗的拣选过程、加工的批次和过程以及相关储存（储备机构、储备的品种类别和储备量）、包装过程，避免外源性损害的发生与微生物污染。

流向可追踪则需要种苗生产培育主体与物流运输、销售等部门做好数据链接，保证对运输路线、运输环境、销售场所、销售对象等相关信息做好记录，并及时上传至数据库，保证数据完整，防止数据断裂的情况发生。

信息可查询要求种苗追溯体系的建设过程中建立完善便捷的查询系统，采用网络、手机、固定终端查询设备及移动测源终端等多种查询途径向企业质量管理人员、监管部门、质检部门、消费者提供种苗质量的查询服务。

产品可召回意为在种苗产品发生质量问题时，可以通过种苗追溯体系迅速查找到相关责任企业、相同批次的种苗产品以及购买该批次产品的消费者信息，从而在最短时间内将问题种苗予以召回，将危害程度降到最低，保证消费者的合法利益。

责任可追究表现在，在消费者反馈种苗质量问题，明确溯源结果的基础上，质量管理部门可以通过相关技术鉴定与数据分析，明晰问题出现的原因及具体环节，依据相关法律对企业与责任人处以民事、刑事处罚，使消费者获得适当赔偿。林木种苗追溯链包括林木种苗追溯环节、林木种苗追溯过程、林木种苗追溯要素及其指标4个层次，与此相对应，林木种苗追溯链模型也包括4个层次，即追溯环节、追溯过程、追溯要素和追溯指标，其中，追溯环节描述了林木种苗生产至销售共经历了多少个环节。基于全程追溯视角看，每一类种苗都应该包含繁育、培育、分级、包装、储运和销售6个环节，然而在具体的实施过程中，由于信息采集的难度不同，不同种类的林木种苗追溯实际包含的环节未必是6个；在每个环节中，对应着诸多操作过程；在每个具体的追溯过程中，都存在着我们需关注的质量安全要素，对应到种苗追溯链模型就是追溯要素；对于给定的追溯要素，还需要进一步明确该要素的若干追溯指标。追溯链层级关系如图5-1所示。

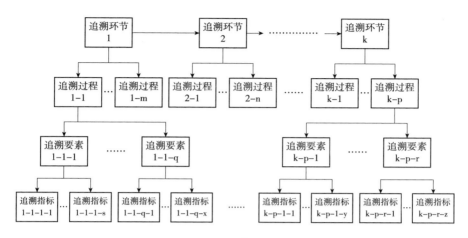

图 5-1 林木种苗追溯链模型层级结构图（郑火国，2012）

在林木种苗追溯链模型中，每一个追溯环节一般对应若干个追溯过程，不同追溯环节中的追溯过程可能相同；每个追溯过程中包含了若干追溯要素，不同的追溯过程的追溯要素可能是相同的；每一个追溯要素一般对应至少一个追溯指标，不同的追溯要素的追溯指标可能是相同的。比如，繁育环节的种子质量追溯指标数量比终产品销售环节中的种子质量追溯指标数量因受到培育、贮藏、运输过程中诸多因素的影响或提高或下降。

二、总体构架

种苗质量追溯系统的核心是追溯信息的共享，可借鉴基于信息共享的质量安全追溯系统进行模块构建（刘俊华等，2006）。该系统由中央控制平台、区域平台、企业端管理信息系统、用户信息查询平台 4 个部分构成。

1. 中央控制平台

通过中央平台数据库实现各个参与方身份管理、信息编码的解释、各参与方相互关系管理等功能，同时，运用各种管理模型、定量化分析手段、运筹学方法等对食品可追溯涉及的数据进行分析，为种苗追溯各个参与方系统接入提供技术支持。

该平台的用户登录模块是种苗追溯体系进行日常管理与用户统计的基础，该模块分为三方面的内容：登录界面设计、登录信息验证与用户权限设定。用户登录及管理模块具体运行流程如图5-2所示。

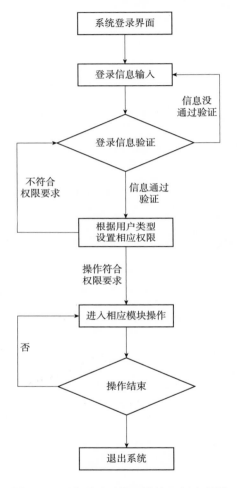

图5-2　用户登录及管理模块运行流程图

2. 区域平台

种苗质量追溯要求种苗生产、运输等主体对涉及种苗质量的信息进行录入，便于后台进行管理，信息管理部门可以挖掘信息数据，提取不同用户所需的不同数据，从而提高信息的使用效率，缩减信息检索的时间成本。该平台通过种苗产品数据库记录并存储产品以及所有加入可追溯系统中种苗供应链上的经济主体的相关信息，此外，还包括相应的质量标准、质量认证以及最近发生的质量安全事件等信息。区域平台通过对种苗追溯信息管理，为本区域内各类林木种苗可追溯系统与本区域平台，以及将产品质量信息提供给中央平台或其他区域平台进行数据交换与共享提供技术支持。具体运行流程见图5-3。

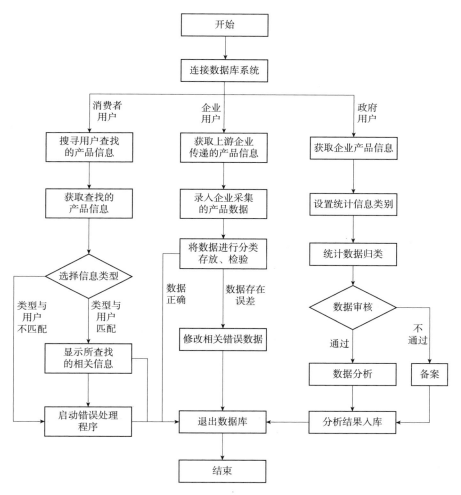

图 5-3　用户登录及管理模块运行流程

3. 企业端管理信息系统

企业端管理信息系统可以是由企业自行开发管理的信息系统，其中，产品编码的标准需遵从行业或国家规范。在企业端管理信息系统中，供应链上每个经济主体，都要把其产品相关信息记录并存储到管理信息系统中，并按照要求把信息数据提供给产品数据库。具体运行流程见图 5-3。

4. 用户信息查询平台

该平台是消费者、企业以及政府部门用来查询产品质量安全信息的系统，其查询方式包括互联网网站查询、超市终端机器查询和手机短信查询等。该系统连接到产品数据库中，根据不同的权限，可以查询到产品、企业名录、安全标准、认证信息、安全事件等各种信息，增加信息透明度和公开度，最大限度地满足消费者的知情权，提高消费者的信心，在一定程度上减弱信息不对称，减少安全事件的发生。该系统由行业协会或者政府相关部门开发并维护管理。追溯信息查询系统作为消费者可以直接使用的信息检索工具，是构建整个产品可追溯系统的核心之一。种苗追溯系统的消费者可以根据种苗使用情况通过系统反馈意见，填写反馈意见及投诉理由，系统管理人员对反馈信息进行核查，在数据库中追溯问题来源。具体运行流程见图 5-3 和图 5-4。

三、功能模块设计

林木种苗追溯系统包括系统用户管理、标准管理、苗圃信息管理、种苗培育管理、移植出圃管理、储运销管理、溯源管理 7 大功能模块，面向消费者、企业、质量监管部门和苗圃工作人员 4 类用户提供服务：针对消费者，提供产品质量安全信息的查询；针对企业，提供种苗包装运输过程信息的管理、查询；针对质量监管单位，提供生产全过程关键质量安全信息的查询；针对苗圃工作人员，提供产地环境信息管理、投入品使用管理等。系统的功能模块图如图 5-5 所示。

系统各模块功能如下。

1. 系统用户管理

该模块实现了系统的用户管理。功能包括消费者、企业、政府用户的添加、信息维护以及用户角色管理，不同角色的用户所获取的权限不同，以此保障系统的信息安全。

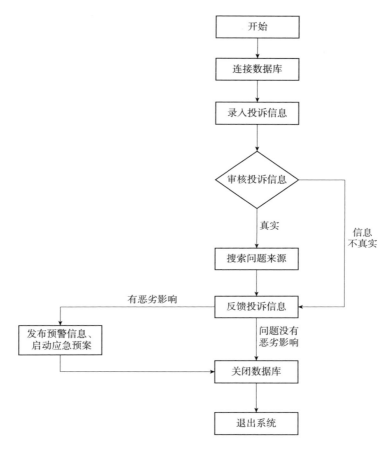

图 5-4 信息反馈模块流程

2. 标准管理

在该模块中，将收纳与林木种苗相关的标准规范。种苗质量标准包括林木种苗培育、质量分级、检验检疫等标准，种苗生产标准包括林木种苗标签、包装、储藏、运输等标准。

3. 苗圃信息管理

在该功能模块中，主要是对苗圃基本信息、苗圃环境要素、苗圃人员信息进行管理。

苗圃基本信息管理中，记录的信息包括：林木良种基地信息、苗圃名称、地理位置、面积、土质情况、建立时间、苗木品种、年龄、产量、种子

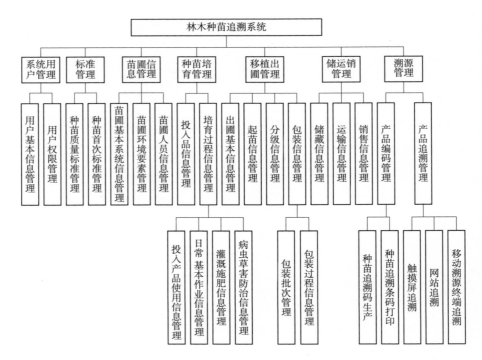

图 5-5　林木种苗追溯系统功能模块

亲本质量及来源等。

　　苗圃环境要素信息管理主要指对苗圃土壤、水质进行采样、检验，检测其各项指标，并记录温度等生态环境信息。

　　苗圃人员信息管理主要指对苗圃所属人、苗圃负责人、苗圃工作人员信息进行管理。

4. 种苗培育管理

　　种苗培育管理主要是记录林木种苗培育日常操作及管理，该模块分为两个子模块。

　　投入品信息管理：由于在苗圃日常生产中，需要施用农药、肥料等，因此需要对这些投入品的基本信息进行管理。

　　培育过程信息管理；分为日常基本作业、施肥灌溉和病虫草害防治 3 个部分，主要包括灌溉、施肥、除草、修剪、间苗、截根、遮阴、防治病虫害和防寒措施等。

在记录时，需要分类记录这些操作。病虫草害防治应记录病虫草害名称、发病时间、用药名称、剂量、次数、类型、时间、作业人员等，施肥灌溉情况应记录施肥品种、时间、数量、次数、作业人员、灌溉次数、时间、方式等。

5. 移植出圃管理

该模块主要记录林木种苗在出圃前后的过程，分为出圃基本信息、起苗、分级和包装 4 个部分。

出圃基本信息管理：主要是指出圃日期、出圃基地编号、出圃苗木数量和规格、起苗方式、作业人员等信息。

起苗信息管理：包括起苗日期、起苗量、作业人员等。起苗后如进行假植应对假植时间、地点、温度、湿度等信息进行记录。

分级信息管理：对包括苗高、地径、根系等苗木质量信息以及分级方式、分级负责人等分级信息进行管理。

包装信息管理：对包装类型、包装方式、包装负责人等包装信息进行管理。分为包装批次管理和包装过程信息管理。

包装批次管理：确定不同包装批次所对应的容种苗规格、数量、质量等。

包装过程信息管理：记录包装过程的具体信息。

6. 储运销管理

种子收获后，如进行储藏应对存放境况进行记录，主要对仓库编号、温度、湿度等储藏信息进行管理。

运输时，记录这些种苗运往何处，用何种运输工具。运输信息管理可以分为运输质量信息管理以及基本运输信息管理。质量信息指运输过程中温度记录、温度控制措施以及用药情况。基本运输信息管理指运输起止时间、运输起止地点、运输工具、运输方式、天气状况、运输人员等。

销售时，记录销售负责人、销售时间、销售数量、销售方式。

7. 溯源管理

在溯源管理模块中，主要实现种苗质量安全追溯码的生成、追溯条码打印，以及通过多种方式，为消费者提供质量安全追溯服务，包括产品编码管理和产品追溯管理两个子模块。

追溯码生成：根据苗圃编码、加工运输企业组织机构代码，共同生成种苗追溯码。

追溯条码打印：通过改模块，可将生成的追溯码打印出来。

产品追溯中，消费者可通过触摸屏、网站用可追溯编码获取林木种苗质量安全信息。监管者可以通过移动溯源终端，获取生产全程质量安全信息。

四、编码体系

（一）一维码数据结构

林木种苗追溯涉及到的关键标识包括林木良种基地编码、苗圃编码、分级过程编码、包装过程编码、贮藏企业编码、运输企业编码、销售企业编码，以及最终产品追溯码。其中苗圃编码、最终产品追溯码是种苗质量安全追溯链各环节标识，必须具有唯一性。

（1）林木良种基地编码

林木良种基地编码包含了林木种苗良种来源地信息，消费者也可以通过编码了解良种来源信息。具体编码规则如图5-6所示。

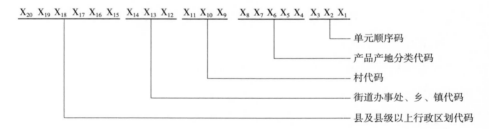

图5-6　林木良种基地编码结构

各代码段含义分别如下。

第一段：6位县级及县级以上行政区划代码，按照 GB/T 2260《中华人民共和国行政区划代码》规定执行。

第二段：3位街道办事处、乡、镇代码，按照 GB/T 10114《县级以下行政区划代码编制规则》规定执行。

第三段：3位村代码，由所属乡镇编订。

第四段：5位农产品产地属性代码，按《GB/T 13923 国土基础信息数据分类与代码》中农产品产地的分类与代码执行。

第五段：3 位顺序码，由各村按顺序编制。

（2）苗圃编码

苗圃编号是获取种苗产地信息的核心，通过苗圃编号消费者可以得知种苗的详细产地（精确到具体苗圃）。具体编码规则与林木良种基地类似，如图 5-7 所示。

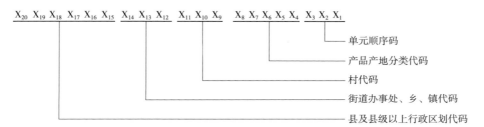

图 5-7　苗圃编码结构

各代码段含义与林木良种基地编码相同。

（3）企业编码

企业一般都是正规注册机构，由于组织机构代码具有唯一性，可直接采用。

（4）生产及加工批次编码

林木种苗分级过程、包装过程采用批次编码方式，具体编码规则如图 5-8 所示。

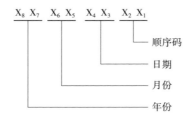

图 5-8　批次编码规则

（5）最终产品追溯码

林木种苗最终产品追溯码参照《NY/T 1431 农产品追溯编码导则》执行，具体编码规则如图 5-9 所示。

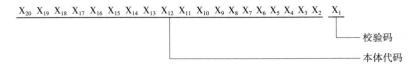

图 5-9 林木种苗终产品追溯码

（二）二维码数据结构

商品二维码的数据结构分为编码数据结构、国家统一网址数据结构、厂商自定义网址数据结构 3 种（参考《GB/T 33993-2017 商品二维码》）。

（三）编码数据结构

1. 编码数据结构的组成

编码数据结构由一个或多个表 5-1 中的单元数据串按顺序组成。每个单元数据串由 GS1 应用标识符（AI）和 GS1 应用标识符（AI）数据字段组成。扩展数据项的 GS1 应用标识符和 GS1 应用标识符数据字段取自《GB/T 33993-2017 商品二维码》中的附录 A 表 A.1 商品二维码单元数据串和解析查询表。其中，全球贸易项目代码单元数据串为必选项，其他单元数据串为可选项。

表 5-1　商品二维码的单元数据串

单元数据串名称	GS1 应用标识符（AI）	GS1 应用标识符（AI）数据字段的格式	可选/必选
全球贸易项目代码	01	N_{14}①	必选
批号	10	$X.._{20}$②	可选
系列号	21	$X.._{20}$	可选
有效期	17	N_6	可选
拓展数据项	AI	对应 AI 数据字段的格式	可选
包装拓展信息网址	8200	遵循 RFC1738 协议中关于 URL 的规定	可选

注：①N 为数字字符；N_{14} 为 14 个数字字符，定长。

②X 为《GB/T 33993-2017 商品二维码》附录 B 表 B.1 GS1 的应用标识符数据字段的编码字符集中的任意字符；$X.._{20}$ 为最多 20 个表 B.1 中的任意字符，变长。

全球贸易项目代码单元数据串由 GS1 应用标识符"01"以及应用标识符对应的数据字段组成，应作为第一个单元数据串出现。全球贸易项目代码数据字段由 14 位数字代码组成，包含包装指示符、厂商识别代码、项目代码和校验码，其中，厂商识别代码、项目代码和校验码的分配和计算见 GB 12904。

批号单元数据串由 GS1 应用标识符"10"以及商品的批号数据字段组成。批号数据字段为厂商定义的字母数字字符串，长度可变，最大长度为 20 个字节。

系列号单元数据串由 GS1 应用标识符"21"以及商品的系列号数据字段组成。系列号数据字段为厂商定义的字母数字字符，长度可变，最大长度为 20 个字节。

有效期单元数据串由 GS1 应用标识符"17"以及商品的有效期数据字段组成。有效期数据字段为 6 位长度固定的数字，由年（取后 2 位）、月（2位）和日（2 位）按顺序组成。

扩展数据项单元数据串取自《GB/T 33993-2017 商品二维码》中的附录 A 表 A.1，用户可从中选择 1～3 个单元数据串，表示产品的其他扩展信息。

包装扩展信息网址单元数据串由 GS1 应用标识符"8200"以及对应的包装扩展信息网址数据字段组成。包装扩展信息网址数据字段为厂商授权的网址，符合 RFC1738 协议中的相关规定。

2. 编码数据结构的信息服务

编码数据结构的信息服务分为编码数据结构的本地信息服务和编码数据结构的网络信息服务。

（1）编码数据结构的本地信息服务

在终端对商品二维码进行扫描识读时，应对二维码承载的信息进行解析，对于商品二维码数据中包含的每一个单元数据串，根据解析出的 AI，查找获取单元数据串名称和对应 AI 数据字段传输给本地的商品信息管理系统。单元数据串名称和相应 AI 数据字段之间用":"分隔，不同单元数据串的信息分行显示。

示例：

①某商品二维码中的编码信息字符串为：

（01）06901234567892（10）A1000B0000（21）C51031902101083826

②在终端扫描该商品二维码后获得的编码信息格式为：

全球贸易项目代码：06901234567892

批号：A100OB0000

系列号：C51031902101083826

（2）编码数据结构的网络信息服务

编码数据结构的网络信息服务是通过商品二维码解析出商品完整信息服务地址。商品的完整信息服务地址的查询参数字符串由商品二维码中除包装扩展信息网址以外的数据字段按顺序组合形成，构成格式见表5-2。

表5-2　商品的完整信息服务地址的格式

传输协议	主机名	查询路径	查询参数字符串
http：// https：//	对应包装扩展信息网址单元数据串的数据字段，默认服务地址为国家二维码综合服务平台服务地址	Search？	由商品二维码中除包装扩展信息网址以外的数据字段按顺序组合形成

示例：

某商品二维码中的编码信息为：

（01）06901234567892（10）A1000B0000（21）C51031902101083826（8200）www.example.com

具体的构造方法如下。

①将包装扩展信息网址的数据字段提取出来作为主机名，即"www.example.com"。

②将包装扩展信息网址以外的其他数据串提取出来，并加上各自对应的查询关键字后用"&"符号连接起来组成查询参数字符串，即"gtin＝06901234567892&bat＝A1000B0000&ser＝C51031902101083826"。

③按照表5-2将传输协议、主机名、查询路径以及查询参数字符串组合成最终的商品的完整信息服务地址，即"http：//www.example.com/Search？gtin＝06901234567892&bat＝A1000B0000 &ser＝C51031902101083826"。

（四）国家统一网址数据结构

国家统一网址数据结构由国家二维码综合服务平台服务地址、全球贸易项目代码和标识代码三部分组成。国家二维码综合服务平台地址为 http：∥2dcode. org/ 和 https：∥2dcode. org/；全球贸易项目代码为 16 位数字代码；标识代码为国家二维码综合服务平台通过对象网络服务（OWS）分配的唯一标识商品的代码，最大长度为 16 个字节，见表 5-3。数据结构为 URI 格式。

表 5-3　国家统一网址数据结构

国家二维码综合 服务平台服务地址	全球贸易项目代码	标识代码
http：∥2dcode. org/ https：∥2dcode. org/	AI+全球贸易项目代码数据字段如： 0106901234567892	长度可变，最长 16 个字节

国家二维码综合服务平台为商品分配唯一标识代码，国家二维码综合服务平台服务地址与标识代码连接构成商品二维码，与商品的完整信息服务地址对应。在终端扫描商品二维码时，访问国家二维码综合服务平台的 OWS 信息服务，获得商品的完整信息服务地址。

1. OWS 生成服务

国家二维码综合服务平台的 OWS 生成服务是为厂商自定义的商品完整信息服务地址分配唯一的标识代码。具体的生成流程见下面的步骤。

①用户指定商品的完整信息服务地址；

②国家二维码综合服务平台为商品分配标识代码；

③服务地址与标识代码组合成商品二维码。

示例：

用户指定商品的完整信息服务地址为：

http：∥www. example. com/goods. aspx？ base _ id = F25F56A9F703ED24E52
52A4F154A7C3519BF58BE64D26882624E28E935292B86BD357045，用户通过访问国家二维码综合服务平台调用 OWS 生成服务，得到唯一标识代码
01069012345678920XiVB3。国家二维码综合服务平台将商品二维码返回用户，用户将商品二维码印制在商品的外包装上：http：∥2dcode. org/010690

12345678920OXjVB3。

2. OWS 解析服务

国家二维码综合服务平台的 OWS 解析服务提供以标识代码为关键字获取商品二维码完整信息服务地址。再终端扫描商品二维码访问国家二维码综合服务平台 OWS 系统，获取对应的商品完整信息服务地址并访问，OWS 解析服务步骤如下：

①终端扫描二维码；

②访问国家综合服务平台 OWS，获取商品的完整信息服务地址；

③访问商品的完整信息服务地址。

示例：

终端扫描二维码获得地址：http：//2dcode.org/01069012345678920OXjVB3。访问国家二维码综合服务平台 OWS 服务，获取对应的商品的完整信息服务地址：http：//www.example.com/goods.aspx？base_ id＝F25F56A9F703ED24E5252A4F154A7C3519BF58BE64D26882624E28E935292B86BD357045，访问商品的完整信息服务地址。

（五）厂商自定义网址数据结构

厂商自定义网址数据结构由厂商或厂商授权的网络服务地址、必选参数和可选参数 3 部分依次连接而成，连接方式由厂商确定，应为 URI 格式，具体定义及有关格式见表 5-4。

表 5-4　厂商自定义网址数据结构

网络服务地址	必选参数		可选参数
http：//example.com https：//example.com	全球贸易项目代码查询关键字"gtin"	全球贸易项目代码数据字段	取自《GB/T 33993-2017 商品二维码》表 A.1 的一对或多对查询关键字与对应数据字段的组合

注：example.com 仅为示例。

必选参数由查询关键字"gtin"以及全球贸易项目代码两部分组成，两部分之间应以 URI 分隔符分隔，URI 分隔符见 RFC3986。

可选参数一对或多对查询关键字与对应 AI 数据字段的组合组成，组合之间应以 URI 分隔符分隔。每对组合由查询关键字和对应的 AI 数据字段两部分组成，两部分之间应以 URI 分隔符分隔。

在终端进行商品二维码的扫描识读，链接商品二维码网络服务，获取商品二维码信息页面。

示例：

终端读取标签中的编码。例如：

http：//www. example. com/gtin/06901234567892/bat/Q4D593/ser/32a

与服务地址 http：//www. example. com 进行通信，获取商品二维码信息页面。

第五节　林木种苗主要类型追溯节点信息

本书第四章对林木种苗追溯各关键节点的概念进行了简要介绍。在当前林木种苗市场中，苗木的主要类型包括裸根苗、容器苗、无性繁殖苗、大规格苗木。各类型苗木在追溯体系中的关键追溯信息不尽相同。本节将分析和介绍以上主要苗木类型培育、包装、运输过程中需要追溯的关键信息，其中包括各类型苗木都需要记录的通用基本追溯信息，以及各类型苗木特有的不同生产技术环节中需要记录的追溯信息。由于林木种苗追溯体系的构建涉及非林学学科，例如，计算机科学与技术学科，为了便于理解，本节在介绍部分林木种苗追溯信息时，对一些林业上的苗木生产过程进行了简要描述，便于其在构建追溯体系时参考。

一、各类型苗木追溯基本信息

种苗追溯的基本信息指在林木种苗追溯体系框架内，按照追溯要求和标准，能够在种苗出圃时包装或标签上查询到的各类苗木通用信息，具体包括但不限于：苗木类别、树种名称、品种审定（认定）编号、产地、生产经营者及注册地、检验证明编号、生产经营许可编号、苗龄、质量指标（苗高、地径、苗木根系等）、数量、信息代码以及其他信息等。

各类型苗木的追溯基本信息如下。

（1）种苗类别：应当填写普通种或者良种。

（2）树种名称：树种名称应当填写植物分类学的种、亚种或者变种名称；品种名称应当填写授权品种、通过审（认）定品种以及其他品种的名称。

（3）品种审定（认定）编号：林木良种的编号由林木品种审定委员会简称、审定或者认定标志、林木良种类别代码、树种代号、林木良种顺序编号和审（认）定年份等6部分组成。

（4）产地：应当填写苗木生产所在地，标注到县。进口苗木的产地，按照《中华人民共和国进出口货物原产地条例》标注。

（5）生产经营者及注册地：生产经营者名称、工商注册所在地。

（6）检验证明编号。

（7）生产经营许可编号。

（8）苗龄：苗木的年龄，从播种、插条或埋根到出圃这一过程苗木实际生长的年龄。以经历1个年生长周期作为1个苗龄单位。苗龄用阿拉伯数字表示，第一个数字表示播种苗或营养繁殖苗在原地的年龄；第二个数字表示第一次移植后培育的年数；第三个数字表示第二次移植后培育的年数，数字间用短横线间隔，各数字之和为苗木的年龄，称几年生。

举例如下。

① 1-0 表示1年生播种苗，未经移植。

② 2-0 表示2年生未移植苗木，即为留床苗。

③ 2-2 表示4年生移植苗，移植一次，移植后继续培育两年。

④ 2-2-2 表示6年生移植苗，移植两次，每次移植后各培育两年。

⑤ 0.2-0.8 表示1年生移植苗，移植一次，十分之二年生长周期移植后培育十分之八年生长周期。

⑥ 0.5-0 表示半年生播种苗，未经移植，完成二分之一年生长周期的苗木。

⑦ 1(2)-0 表示1年干2年根未经移植的插条苗、插根或嫁接苗。

⑧ 1(2)-1 表示2年干3年根移植一次的插条、插根或嫁接移植苗。

注：括号内的数字表示插条苗、插根或嫁接苗在原地（床、垄）根的年龄。

（9）质量指标：苗木质量指标（苗木质量评价指标），包括形态指标和生理指标。其中，形态指标按照苗高、地径、苗木根系（主根长，侧根根数、长度、粗度，表面积和体积)等标注，标签标注的苗高、地径按照95%苗木能达到的数值填写；生理指标包括水分指标、导电能力指标以及其他指标。质量指标在种苗追溯过程中可以反映苗木出圃的基准质量状态。具体指标如下。

① 苗高：自地径至顶芽基部的苗干长度。

② 地径：苗木地际直径，即播种苗、移植苗为苗干基部土痕处的粗度；插条苗和插根苗为萌发主干基部处的粗度；嫁接苗为接口以上正常粗度处的直径。

③ 根系长度和根幅：起苗修根后应保留的根系长度和根幅。

④ 苗木新根生长数量：将苗木栽植在其适宜生长的环境中经过一定时期后，所统计的新根生长点的数量，简称 TNR。

(10)数量：苗木以株、根、条等表示。包装中含有多件小包装时除标明总数量外，还应当提供每一小包装的数量信息。

(11)使用信息代码的，应当包含林木种子标签标注的内容等信息。

(12)其他应当注明的信息：销售授权品的，应当标注授权号。销售进口林木的，应当附有进口审批文号。销售转基因林木种子的，必须用明显的文字标注，并应当提示使用时的安全控制措施。必要时应注明苗木使用说明，应当包括的信息有：主要栽培措施、适宜种植的区域、适宜的栽培季节以及风险提示和其他信息。风险提示信息包括：种子贮藏条件、主要病虫害、极端天气引发的风险等内容及注意事项。其他信息包括生产经营通过审(认)定品种的，使用说明中的内容应当与审定公告一致。

二、裸根苗追溯关键信息

1. 苗木特点

裸根苗即苗木出圃时根系裸露在外，没有泥土等其他附着的苗木(摘自林木种苗培育学上的概念)，具有起苗容易、栽植省工、贮藏运输方便的优点，广泛应用于目前的植苗造林中。裸根苗的栽培既可以露天进行也可以在人为控制的环境下进行，既可以用土壤培育也可以用人工基质或营养液培育。低成本、低技术要求，应用最为广泛。

2. 土壤管理信息

（1）圃地位置

需记录圃地经纬度、生产区编号等位置信息。

（2）平整土地

土壤是影响裸根苗质量的重要因素，在育苗前应进行整地，需进行记录信息包括地形、整地方式、整地时间、前茬作物等，大量出圃带土球苗或草皮的地块应记录回填土信息。

（3）土壤处理和改良

土壤元素可通过苗木根系进入植株，其中部分可能对苗木、环境甚至人体有害。育苗前如若进行了土壤处理和改良，应对相关药剂、肥剂进行记录。根据《林木育苗技术规程》，土壤处理方式包括采取药剂消毒、晒土、换土等方法，防止林业有害生物的发生。需记录的信息包括：土壤酸碱度、药剂类型、改良方式等，采取轮作的育苗地还应记录轮作及植物种类。做到对圃地"养用结合"，提高地力，减少林业有害生物的发生，保证苗木质量。常用药剂可参见《林木育苗技术规程》附录 A。

（4）施基肥

基肥是在播种或栽植以前施用肥料的工作。目的是改良土壤，提高地力，供应苗木整个生长周期所需的营养。苗木生长会消耗大量的土壤营养，为了提高苗木质量、保持地力，施基肥是重要的一项措施。施基肥的苗圃应记录施肥方法、施肥类型、肥料种类等信息。苗圃常用肥料见《林木育苗技术规程》附录 B。

3. 播种育苗信息

（1）种子及种子处理

采取播种方式开展裸根苗培育的应使用来源清晰的种子，并在裸根苗追溯过程中附上种子来源信息，包括种子区、优良种源的种子和种子园、母树林以及优良林分的种子或良种基地信息，省际间种子调入应有《植物检疫证书》。从国外及境外引进种子应当按照《植物检疫条例实施细则（林业部分）》进行检疫。

种子处理过程中应对种肥类型、消毒剂类型进行记录，经过催芽的种子记录催芽方法。种子消毒常用药剂参见《林木育苗技术规程》附录 C。种子催芽方法参见《林木育苗技术规程》附录 D。

（2）播种信息

播种育苗还应记录播种期、播种时间、播种方式、播种量等。播种方式可以分为 3 种，即撒播、条播和点播，通常微粒种子用撒播；小粒种子用撒播或宽幅条播；中粒种子用条播；大粒种子用点播或条播。

（3）育苗方式

育苗方式也会影响苗木质量，不同的林木采用的育苗方式不同，应对育苗方式进行记录，通常分为苗床育苗和大田育苗两种。大田育苗有垄作和平作两种形式，适用于生长快、对管理技术要求不高的树种，其中，垄作又分为高垄和低垄等方式。

4. 苗木培育过程信息

培育过程主要是指苗木抚育管理。追溯信息采集应当包括土壤管理（如灌溉、施肥、松土、除草），抚育措施（如间苗、截根），苗木保护（如遮阴、防治病虫害和防寒措施），病虫害发生信息，农资投入品（农药、化肥等）的商品名、生产厂家、使用量、时间、次数、负责人等。下面将简要列举苗木培育过程中各追溯信息的主要追溯指标。

（1）灌溉追溯信息

主要记录灌溉方式、灌溉时间、灌溉次数、灌溉量等信息。

（2）松土、除草追溯信息

除草是裸根苗培育的重要技术环节，可以有效减少杂草对幼苗的竞争，保证苗木健康生长。要掌握除早、除小、除了的原则。人工除草在地面湿润时连根拔除。使用除草剂灭草，首先要符合环保要求，并经试验后使用。苗圃常用除草剂参见《林木育苗技术规程》附录 G。松土除结合人工、机械除草进行外，降雨、灌溉后也要松土。松土要全面、逐次加深，不伤苗，不压苗。不能松土的撒播苗，在床面上撒盖细土。

（3）间苗和定苗信息

当年播种苗要及时地间苗，拔除生长过于密集，发育不健全和受伤、感染有害生物的幼苗，使幼苗分布均匀。间苗的同时对幼苗过于稀疏地段进行补栽。

间苗时间与次数：要根据树种、幼苗生长发育状况和培育目的决定，一般分 2~3 次进行，阔叶树幼苗展开 3~4 个(对)真叶时进行第一次间苗，第二次一般与第一次间隔 10d~20d，最后一次定苗不宜过晚，一般应在幼苗期的后期，否则会降低苗木生长量；针叶树幼苗出齐一月后进行第一次间苗，以后根据幼苗生长情况进行第二、三次间苗和定苗。单位面积上保留的株数比计划产苗量多 5%~6%。

(4)苗木追肥

追肥是在苗木生长期中根据苗木生长规律开展施肥工作，目的是补充基肥的不足。以速效无机肥料为主，在苗行间开沟(或苗木根际周围挖穴)，将肥料施于沟内，然后盖土；亦可用水将肥料稀释后，全面喷洒于苗床上(喷洒后用水冲洗苗株)或浇灌于苗行间。追肥次数、时间和用肥种类、用量，根据树种、育苗方法和土壤肥力确定。一般在苗木生长侧根时进行第一次追肥，在苗木封顶前一个月左右，停止追施氮肥，最后一次追肥不得迟于苗木高生长停止前半个月。前期以氮肥和磷肥为主，后期以磷肥和钾肥为主。追施有机肥，须腐熟后方可使用。苗圃常见肥料参见《林木育苗技术规程》附录 B。

(5)苗木修剪

修剪可使苗木的枝条主从分明，平衡树势，保证树体通风透光，生长健壮。园林绿化苗木尤其要注重整形修剪，提高观赏特性。苗木修剪可分冬季修剪和夏季修剪。

修剪时间：冬季修剪，在当年的 12 月至翌年的 3 月进行，主要以整形为主。伤流严重的树种可在发芽后修剪。夏季修剪，主要以疏除过密枝、徒长枝及根蘖等为主。

修剪方法：常用的有短截、疏剪、缩剪和长放。应根据不同的作业种类选择合适的修剪方法。

育苗过程中主要的修剪作业包括：移植修剪、出圃修剪、嫁接砧木修剪、夏季保养修剪、冬季整形修剪等。对阔叶树苗，应保持原树形，使主侧枝分布均匀，要控制侧枝数，及时摘芽除蘖。用作行道树的分枝点应高于 2.8m。

不同造林树种的具体播种育苗技术不同，主要造林树种播种育苗技术详见《林木育苗技术规程》附录 E.1。

5. 起　苗

起苗根系要大，尽量保留须根，小苗要蘸泥浆。裸根苗木掘苗的根系幅度应为其胸径(或地径)的 8~10 倍，或株高的 1/4~1/3，应保留护心土。苗木起掘后，应保证根系的完整，如果有劈裂、腐烂，应立即修剪，保证切口平滑，同时适度修剪地上部分枝叶。根系断面达 2.0cm 以上应进行防腐处理。落叶乔木和灌木树冠侧枝要适当短截，并剔除带有有害生物、机械损伤、发育不健全和无顶芽(针叶树)的劣苗，之后按 DB11/T 222-2004 进行分级。

裸根苗木掘取后，应防止日晒，进行保湿处理。起苗环节应对起苗日期、负责人、起苗量等信息进行记录。起苗后如进行假植应对假植时间、地点、温度、湿度等信息进行记录。

6. 苗木分级

苗木分级的目的是为了使出圃苗木达到国家规定的苗木标准，也是为了保障后期造林质量，减少造林后的林木分化问题，从而提高造林成活率和生长量。分级时，首先看根系指标，以根系所达到的级别确定苗木级别，如根系达Ⅰ级苗要求，苗木可为Ⅰ级或Ⅱ级，如根系只达Ⅱ级苗的要求，该苗木最高也只为Ⅱ级。在根系达到要求后按地径和苗高指标分级，如根系达不到要求则为不合格苗。

合格苗木以综合控制条件、根系、地径和苗高确定。合格苗分Ⅰ、Ⅱ两个等级，由地径和苗高 2 项指标确定，在苗高、地径不属同一等级时，以地径所属级别为准。综合控制条件达不到要求的为不合格苗木，达到要求者以根系、地径和苗高 3 项指标分级。其中，综合控制条件为：无检疫对象病虫害，苗干通直，色泽正常，萌芽力弱的针叶树种顶芽发育饱满、健壮，充分木质化，无机械损伤，对长期贮藏的针叶树苗木，应在出圃前 10~15d 开始测定苗木 TNR，TNR 值应达到《林木育苗技术规程》附录 A 中对相应树种的要求。一般要求苗木分级必须在庇荫背风处，分级后要做好等级标志。详细苗木等级见《GB6000-1999 林木育苗技术规程》附录 A（标准的附录）。

7. 包 装

包装的目的主要是为了防止苗木在运输过程中根系失水、土球破碎，以提高成活率。对裸根苗进行包装主要是防止根系失水。裸根苗木起运前，应适度修剪枝叶、绑扎树冠，对根系进行修剪的目的一是降低叶片蒸腾，二是可以减小苗木体积，提高运输量。裸根苗根系必须沾泥浆。运输过程中包装材料应根据运输距离而定，要求做到保持根部湿润不失水。短途运输可用稻草片、蒲包、化纤编织袋、布袋、麻袋等包装；长距离运输则要选择保湿性好的包装材料，如塑料袋等。包装材料应当适宜苗木的生理特性、坚固、耐用、清洁、环保，无检疫性有害生物，同时应当兼顾便于贮藏、搬运、堆放、清点等特点。标签按包装单位贴挂，可以以株为单位或以捆为单位，还可以以苗批为单位贴挂标签，标签上注明树种的苗龄、苗木数量、等级、苗圃名称等信息。

8. 运 输

运输过程中要避免苗木失水。运输苗木时，宜用稻草、麻袋、草席之类的东西洒水盖在苗木上，且要勤检查枝叶间湿度和温度，根据温度、湿度状况进行通风和洒水。长途运输卡车还须有帆布篷遮挡，严禁苗木受风吹日晒，裸根乔木要避免蹭皮，针叶树苗木应避免未经任何包装裸根运输。运输过程应记录的运输信息包括但不限于运输方式、运输条件（温度、湿度）、运输时间、人员等信息。

三、容器苗

容器育苗是指在容器中装填固体基质，将种子直接播入、扦插插穗或移植幼苗的苗木培育方法。容器育苗所培育的苗木，称为容器苗，是工厂化育苗广泛采用的一项技术，可以在室外进行，也可以在温室内进行。

1. 育苗容器

对容器苗的追溯信息采集除了包括追溯要求的基本信息外，还应当记录容器苗的种类、容器规格及育苗基质。育苗容器根据材料可分为塑料薄膜容器、泥质容器、蜂窝状容器等；根据容器组合方式，可分为单体容器、穴盘等；按照利用次数可以分为一次性容器和可多次利用容器。

（1）容器种类

塑料薄膜容器：一般用厚度为 0.02~0.06mm 的无毒塑料薄膜加工制作而成。塑料薄膜容器分有底（袋）和无底（筒）两种。有底容器中、下部需打 6~12 个直径为 0.4~0.6cm 的小孔，小孔间距 2~3cm，也可再剪去两边底角。

泥质容器：营养专用腐熟有机肥，火烧土、原圃土，并添加适量无机肥料配制成营养土，经拌浆、成床、切砖、打孔而成长方形营养砖块。营养钵用具有一定黏性的土壤为主要原料，加适量磷肥及沙土压制而成。

蜂窝状容器：以纸或塑料薄膜为原料制成，将单个容器交错排列，侧面用水溶性胶黏剂黏合而成，可折叠，用时展开成蜂窝状，无底。在育苗过程中，容器间的胶黏剂溶解，可使之分开。

硬塑料杯：用硬质塑料制成六角形、方形或圆锥形，底部有排水孔的容器。圆锥形容器内壁有 3~4 条棱状突起。

其他容器：因地制宜使用竹篓、竹筒、泥炭以及木片、牛皮纸、树皮、陶土等制作的容器。

（2）容器规格

育苗容器大小取决于育苗地区、树种、育苗期限、苗木规格、运输条件以及造林地的立地条件等。在保证造林成效的前提下，尽量采用小规格容器，西北干旱地区、西南干热河谷和立地条件恶劣的、杂草繁茂的造林地适当加大容器规格。常用容器规格见《容器育苗技术 LY 1000-1991》附录 A。

塑料薄膜容器为圆筒状，以装填基质后容器的直径和高度来表示，例如，5cm×12cm 表示在装填基质后，容器的直径为 5cm，高为 12cm。

营养砖为长方体，以长×宽×高表示其大小。例如，7cm×7cm×12cm 表示砖的横断面为 7cm×7cm 的正方形，砖高为 12cm。

营养钵为圆台体，用上底直径、下底直径和高三个数字来表示其大小。例如，3cm×5cm×7cm 表示上底直径为 3cm，下底直径为 5cm，高为 7cm。

蜂窝状六角形容器以外接圆直径和高度来表示。例如，4cm×12cm 表示六角形外接圆直径为 4cm，高为 12cm。

2. 育苗基质

育苗基质的信息应包括基质种类、成分配比、肥料、酸度调节，若发生病害应对消毒情况进行记录。

（1）基质成分及配制要求

容器育苗用的基质要因地制宜，就地取材并应具备下列条件：来源广，成本较低，具有一定的肥力；理化性状良好，保湿、通气、透水；质量轻，不带病原菌、虫卵和杂草种子。

（2）配制基质

配制基质的材料有黄心土(生黄土)、火烧土、腐殖质土、泥炭等，按一定比例混合后使用。培育少量珍稀树种时，在基质中掺以适量蛭石、珍珠岩等。配制基质用的土壤应选择疏松、通透性好的壤土，不得选用菜园地及其他污染严重的土壤。制作营养砖要用结构良好、腐殖质含量较高的壤土。制营养钵时在黄心土中添加适量沙土或泥炭。

（3）基质中的肥料

基质必须添加适量基肥。用量按树种、培育期限、容器大小及基质肥沃度等确定，阔叶树多施有机肥，针叶树适当增加磷肥和钾肥。

有机肥应就地取材，要既能提供必要的营养又能起调节基质物理性状的作用。常用的有河塘淤泥、厩肥、土杂肥、堆肥、饼肥、鱼粉、骨粉等。有机肥要堆沤发酵，充分腐熟，粉碎过筛后才能使用。无机肥以复合肥、过磷酸钙或钙镁磷等为主。

（4）基质的消毒及酸度调节

为预防苗木发生病虫害，基质要严格进行消毒，方法见《容器育苗技术 LY 1000-1991》附录 C。配制基质时必须将酸度调整到育苗树种的适宜范围。

（5）菌根接种

用容器培育松苗时应接种菌根，在基质消毒后用菌根土或菌种接种。菌根土应取自同种松林内根系周围表土，或从同一树种前茬苗床上取土。

菌根土可混拌于基质中或用作播种后的覆土材料。用菌种接种应在种子发芽后一个月，可结合芽苗移栽时进行。

3. 播种育苗

容器苗播种环节除了应对种源、消毒、催芽方法及播种期播种量信息进行记录外，还应当对播种方法及播种期间苗床基质温度、湿度进行记录。根据种子胚根露出和幼茎生长情况，可分为容器中直接播种种子、播种生出胚根的种子、移栽幼苗。其中，直接播种种子最为常见，萌发异质性大的种子通常播种露出胚根的种子，极小粒种子多采用移栽幼苗的方法。芽苗移植是指不在容器里直接下种，而是先在苗床上培育好芽苗，再将其移入容器的方法。如需芽苗移植应对移植时间、温度进行记载。

芽苗移植：将经过消毒催芽的种子均匀撒播于沙床上，待芽苗出土后移植到容器中。针叶树应在种壳将脱落、侧根形成前进行。移植前将培育芽苗的沙床浇透水，轻拔芽苗放入盛清水的盆内，芽苗要移植于容器中央，移植深度掌握在根颈以上 0.5~1.0cm，每个容器移芽苗 1~2 株，晴天移植应在早、晚进行。移植后随即浇。1 周内要坚持每天早、晚浇水，必要时还应适当遮阴。

幼苗移植：在生长季节，将裸根幼苗移植到容器内。相思树、桉树在苗高 3~8cm 时，木麻黄等阔叶树种在苗高 8~10cm 时移植，应选无病虫害、有顶芽的小苗，在早、晚或阴雨天移植。移植一年生裸根苗在早春或晚秋休眠期进行，选苗干粗壮、根系发达、顶芽饱满、无多头、无病虫害、色泽正常、木质化程度好的壮苗。移植前要进行修剪、分级。移植时用手轻轻提苗使根系舒展，填满土，充分压实，使根土密接，防止栽植过深、窝根或露根，每个容器内移苗一株，移植后随即浇透水。

4. 苗期管理

苗期管理过程中除对灌溉的次数、时间以及灌溉方法(底部渗灌、手工浇水、固定式喷雾系统、自走式浇水机浇水)，肥料的种类、元素含量、元素比例及追肥，除草、炼苗、病虫害进行记录外，尤其应当详细记录对温室育苗环境的控制，如光照、温度及湿度的变化。温室育苗常通过光照时间控制苗木生长速度，速生期通过温室补光延长光照时间加速苗木生长，进入木质化期时停止补光。环境温度、空气湿度直接影响植物的蒸腾作用和生长发育。苗期如添加基质或育苗容器更换也应进行信息记录。

（1）追肥

容器苗追肥时间、次数、肥料种类和施肥量根据树种和基质肥力而定。针叶树出现初生叶，阔叶树出现真叶而进入速生期前开始追肥。根据苗木各个发育时期的要求，不断调整氮、磷、钾的比例和施用量，速生期以氮肥为主，生长后期停止使用氮肥，适当增加磷、钾肥，促使苗木木质化。

追肥结合浇水进行，用一定比例的氮、磷、钾混合肥料，配成 1：200～1：300 浓度的水溶液施用，前期浓度不能过大，严禁干施化肥，根外追氮肥浓度为 0.1%～0.2%。

追肥宜在傍晚进行，严禁在午间高温时施肥，追肥后要及时用清水冲洗幼苗叶面。

（2）浇水

浇水要适时适量，播种或移植后随即浇透水，在出苗期和幼苗生长初期要多次适量勤浇，保持培养基质湿润；速生期应量多次少，在基质达到一定的干燥程度后再浇水；生长后期要控制浇水。容器苗在出圃前一般要停止浇水，以减小质量，便于搬运，但干旱地区在出圃前要浇水。北方封冻前要浇一次透水，以防生理干旱。

（3）病虫害防治

本着"预防为主，综合治理"的方针，发生病虫害要及时防治。必要时应拔除病株，药剂防治要正确选用农药种类、剂型、浓度用量和施用方法。充分发挥药效而不产生药害。防治病虫害一般常用的药剂和施用方法，参照 GB 6001-1985 附录 E。

（4）间苗

种壳脱落，幼苗出齐一星期后，间除过多的幼苗。侧柏、桉树、相思树每一容器内保留 1 株；油松、黑松、樟子松、落叶松、云杉等每一容器内可保留 3 株，对缺株容器及时补苗，间苗和补苗后要随即浇水。

（5）除草

掌握"除早、除小、除了"的原则，做到容器内、床面和步道上无杂草，人工除草在基质湿润时连根拔除，要防止松动苗根。用化学药剂除草，参照 GB 6001-1985 附录 D。

（6）其他管理措施

有风沙害的地区应设风障。在干旱寒冷地区，不耐霜冻的容器苗要有防寒措施。育苗期发现容器内基质下沉，须及时填满，以防根系外露及积水致病。为防止苗根穿透容器向土层伸展，可挪动容器进行重新排列或截断伸出容器外的根系，促使容器苗在容器内形成根团。

5. 容器苗出圃

容器苗出圃规格根据树种、培育期限及造林立地条件等确定。部分主要造林树种容器苗出圃规格见《容器育苗技术 LY 1000-1991》。

出圃苗除符合 LY 1000-1991 附录规定外，还必须根系发达，已形成良好根团，容器不破碎，苗木长势好，苗干直，色泽正常，无机械损伤，无病虫害。休眠期出圃的针叶树苗应有顶芽，充分木质化。

容器苗的产量以有苗的容器为单位进行统计，不以容器内的苗木株数计算。如一个容器内有多株苗，也都计为 1 株。

苗木检验：容器苗出圃必须进行检验，检验方法按 GB 6000-1999 第 4.5 章规定执行。

起苗运苗：起苗应与造林时间相衔接，做到随起、随运、随栽植。起苗时要注意保持容器内根团完整，防止容器破碎。切断穿出容器的根系，不能硬拔，严禁用手提苗茎。

6. 包装和运输

包装和运输的目的与裸根苗基本一致。容器苗的特殊性在于其根系是种植在特定的容器内，容器苗运输前保证运输损耗率、苗木成活率。不同容器选择相应的包装方法，可采用容器苗专用箱包装并进行相应的记录。苗木在搬运过程中，轻拿轻放，运输损耗率不得超过 2%。每批苗木要附标签，标签格式按 GB 6000-1999 第 6 章规定。

四、无性繁殖苗

第四章已解释了无性繁殖苗的基本概念。其与裸根苗和容器苗的主要追溯差异在培育过程，因为无性繁殖是一种利用植物的营养器官（如根、茎、枝、叶、芽等），或植物组织、细胞及原生质体等作为繁殖材料进行育苗的方法，即不是使用种子繁殖出来的。所以，无性繁殖苗的培育过程人为干预因素最高，无性繁殖的方法主要有扦插、嫁接、压条、分株和组织培养等。

（一）扦　插

扦插是将植物营养器官的一部分制成插穗插到基质，培育成完整、独立的新植株的繁殖方法。扦插繁殖可以分为枝插法、根插法。采用枝插法进行扦插应对采穗圃、插条的采集时间、插条处理措施、扦插时间等进行信息记录。采穗前对插穗进行处理包括机械处理、黄化处理、幼化及促萌处理，为促进插穗生根常采用生长素类药剂、生根促进剂、生根抑制物质、化学药剂以及低温贮藏进行处理。若不立即扦插，穗条贮藏，应对贮藏时间、贮藏方法进行记录。枝插生根较难的树木采用根插法。扦插后需合理控制温度、湿度和光照提高插穗生根成活率，也应进行相应的记录。

1. 采穗（根）圃

选用适应当地生长的优树和优良无性系种条建立采穗圃，用于生产扦插育苗的穗条（根）。建立采穗圃的繁殖材料应当提前进行幼化处理。在此过程中应详细说明采穗（根）来源信息。

对采穗圃的作业方式进行记录，根据树种特性分别采用灌丛式或乔林式。栽植密度根据作业方式和经营年限确定。

建立采穗圃要细致整地，施足基肥，精心栽植。建立后及时做好中耕、除草、追肥、排灌、除蘖定干和林业有害生物防治工作，并绘制品系排列图。采集穗条时，防止发生品种、系号混杂。发现采穗圃的母树退化或林业有害生物严重时，要更新重建。采穗圃建立后一般最多采条 3~5年。采穗圃经营期间如若发生重大病虫害应当对发生时间、规模、病虫害类型以及除害措施进行记录。

2. 种条、种根的采集

（1）硬枝插条

宜从采穗圃中专门培养的良种母株上采条，采用一年生苗木茎干的中段，也可采取幼龄树的枝条或母株基部的萌蘖条等作插穗。作插穗用的枝条必须生长健壮、充分木质化和无林业有害生物。落叶树种采条一般在秋季落叶后到春季树液开始流动前的休眠期。采条后放于冷室沙藏或窖藏。

如使用硬枝扦插应对母株信息进行记录，包括树种、树龄、采枝部位等。采条后的贮藏措施、贮藏环境也应进行记录。

（2）嫩枝插条

宜从生长健壮的幼年母树上采集当年生半木质化的枝条，采条适宜期为 5~8 月，并在早晨进行，剪下的枝条要立即放在水桶中并覆盖遮阴，防止失水萎蔫。

使用嫩枝扦插除了对母株信息进行记录外，还应记录采枝时间，采枝后的防失水措施。

（3）种根

一般在扦插前随剪截随扦插，截至长度 10~20cm。必须采集自根际萌蘖的长根，粗度宜为 0.5~2cm。珍稀树种可用细根段，粗度为 0.1~0.2cm，长 1cm 左右。扦插前应对种根长度、粗度进行记录。

3. 插穗制作

乔木插穗长度一般为 5~20cm，粗度 0.8~2.5cm 为好，插穗上至少有 2 个节间，具有 2~3 个饱满芽。灌木插穗粗度一般为 0.3~1.5cm。针叶树种的硬枝和嫩枝插穗除下部插入基质部分的叶片须除去外，尽量保留上部叶片。常绿阔叶树种的硬枝和嫩枝插穗的顶端保留 1~3 个叶片。插穗切口要平滑、不破皮、不劈裂、不伤芽。下切口呈斜面并靠近腋芽。插穗截制后，按粗度分级捆扎，及时扦插或妥善假植，防止失水。

插穗制作完成后记录插穗长度、粗度、保留叶片数、插穗切口类型以及假植等信息。

4. 扦插方法

（1）硬枝扦插

室外大田硬枝扦插应在早春土壤解冻后或晚秋土壤上冻前进行。扦插易成活的树种可采用垄插；成活率较低的树种及灌木类可采用床插，插后遮盖塑料小棚。插前可用清水浸泡或用 ABT 生根粉或植物生长调节剂等处理。扦插时按一定株行距直插于土中。扦插的深度依树种而异。插穗上端与地面平或略低于地面，切忌插穗上下颠倒。插后压实插缝，勿使插穗在土壤中悬空。插后充分灌水，保持土壤湿度，以后可根据土壤的干湿情况调整灌水(喷水)的次数。

硬枝扦插应记录扦插前生根措施、生根剂、扦插时间、扦插行距、扦插深浅、扦插后灌溉措施等信息。

（2）嫩枝扦插

一般在 5~8 月进行，常绿树在 3 月底 4 月初即可进行。宜在早晚或阴天进行，插前剪去插穗入土(基质)部分上的枝叶。扦插深度因树种及枝条长短不同而异。扦插选用的床面地势要略高，易排水。扦插前要用高锰酸钾对扦插基质或床土进行消毒。露地嫩枝扦插要保持扦插床的湿润。宜采用自动间歇喷雾保持插穗叶面湿度和降温。如果采用全光雾插，应配备蓄水池，以备停电或停水时用。

嫩枝扦插应特别记录扦插前消毒措施。

（3）根段扦插

分直插和平插。多在春季进行，直插的上端与地面平，或露出地面 1~2cm。如分不清根的上、下端，可平埋于土中。

（4）埋条

毛白杨用埋条繁殖，时间在清明前后。一般采用床埋法。

5. 促进插条生根技术

插条生根可以分为生根缓慢和难生根的树种，可选用不同的生根方法，如 ABT 生根粉、萘乙酸、吲哚丁酸等植物生长调节剂，或采用浸泡、速蘸和水浸等方法处理插穗后扦插。

应对插条生根方式及生根剂进行记录。植物生长调节剂的使用参见

《林木育苗技术规程》附录 F。

（二）嫁　接

嫁接是将一株植物的枝或芽等器官或组织，接到另一株植物的枝、干、根等的适当部位上，使之生长在一起形成一个新植株的繁殖方法。利用嫁接方法繁殖的苗木称为嫁接苗。

砧木和接穗双方的亲缘关系、遗传特性、组织结构、生理生化特性以及病毒等因素直接影响嫁接亲和力，因此应对砧木和接穗信息进行记录。例如，砧木培育圃、无性系采穗圃或采穗园的基本信息，砧木苗的地径、苗龄，采穗母树的树龄、质量、检疫信息等。

嫁接的方法和方式很多，常用的方法主要有芽接、枝接和根接等，追溯过程中对嫁接技术和嫁接时的温度、湿度、光照等外部环境条件也应进行相应记录。

1. 接穗采集

采集壮龄母树外围发育充实的枝条。夏季芽接，接穗随采随接；枝接的接穗可在秋季完全落叶以后采集，采下以后，可直接沙藏，亦可蜡封接穗。蜡封的接穗可断成 12cm 左右的长度，按一定数量装入塑料袋，冷库保存。

此过程应对母树种类、树龄，接穗采集时间，接穗长度进行记录。

2. 砧木的选择

砧木一要与培育目的树种（接穗）有良好的亲和力，二要适应栽培地区的环境条件，三要对栽培目的树种或品种的发育无不良影响，四要具有符合栽培要求的特殊性状，如矮化或抗某种林业有害生物等，五要容易繁殖。芽接的砧木，在接前一个月把地面上 30cm 以下的侧枝剪去，使接口部位光滑，粗度在 0.5~1.2cm 为宜。枝接的砧木视嫁接方法不同，选择的粗度也不同。选择好砧木后对相关信息进行记录。

3. 嫁接方法

（1）芽接

芽接穗枝宜取用当年生枝条，随接随采，并立即剪去叶片，保留叶柄，保鲜保存。但若采用带木质芽接，可用休眠期采集的一年生枝的芽。芽接节省接穗，技术简单，愈合快，可以保证单位面积的嫁接苗产量。一般在4月下旬至9月上旬均可进行，因树种不同，芽接选用的最佳时间不同。

采用芽接的嫁接方法应对嫁接时间、是否是休眠枝进行记录。

（2）枝接

枝接多在春季进行，一般以砧木的树液开始流动为好，但树种不同适宜时期也有差别。穗条的保存宜低温、湿润，保持穗芽处于不萌动状态才可提高嫁接成活率。枝接方法多样，有劈接法、切接法、插皮接法、切腹接法、插皮腹接法、合接与舌接法、髓心形成层对接法、靠接法和绿枝接法(嫩枝接)，但是不如芽接节省穗条，技术也稍复杂。

采用枝接的嫁接方法应对嫁接时间、穗条的保存环境、枝接方法等信息进行记录。

（3）根接

用树木的根段作砧木进行枝接的嫁接方法。砧根的粗度以2~3cm为宜。在嫁接方法上可用劈接、切腹接、插皮接等。

采用根接的嫁接方法应对砧根粗度、根接方法等信息进行记录。

（4）子苗砧嫁接

子苗砧嫁接也称芽苗嫁接或子苗嫁接，只适用于核桃、板栗等大种子的坚果类树种，是采用种子发芽后叶片将展开时的幼苗作砧木进行枝接的嫁接方法。

（5）嫁接扦插育苗

一些直接扦插育苗生根比较困难而借助插条容易生根的树种，宜采用嫁接与扦插相结合的方法进行繁殖。

不同树种具体嫁接扦插方式不同，主要造林树种嫁接扦插育苗技术见《林木育苗技术规程》附录E.2。

（三）压　条

压条繁殖是将枝条或茎蔓在不与母株分离的状态下包埋于生根介质

中，待不定根产生后与母株分离而成为独立新植株的营养繁殖方法，由此产生的苗木称为压条苗。根据母株枝条距地面的距离以及压条的状态不同，可分为普通压条、水平压条、波状压条及堆土压条等方法。应对压条前的处理（环剥、绞缢、环割等）、压条时间、方法等生产操作进行记录。

（四）分株繁殖

分株繁殖育苗是利用母株的根蘖、匍匐茎、吸芽生芽或生根后与母株分离而繁殖成独立新植株的营养繁殖方法。除基础信息外，应对母株处理、断根、施肥和分株等步骤进行记录。

（五）组织培养

组织培养是在无菌条件下将离体植物的器官、组织、细胞或原生质体等材料在无菌环境下接种在人工培养基上，在一定环境条件下使之生长发育成完整植株的繁殖方法。组织培养对操作环境有严格的要求，组织培养室或组织培养工厂的地理位置、规模大小、设备、器材和用具都应有详细记录。在离体培养过程中培养基提供培养物生长分化所需的各种营养物质，是进行组织培养的关键，应对培育基的种类、配方、酸碱度以及灭菌和存放条件进行记录。除此之外，也应对外植体的制备，消毒（消毒液的种类和处理时间），初代培养接种，增殖培养，生根诱导，驯化与移栽以及组织培养过程中的温度、湿度和光照条件进行记录。

五、大规格苗木

在苗圃中培育的以及需要从原来的生长处进行移植的胸径在 10~25cm 的落叶乔木（含地径为 8cm 以上的落叶小乔木），高度 5m 以上或地径 15cm 以上的常绿乔木。胸径在 25cm 以上的落叶乔木，树高在 8m 以上的常绿乔木为超大规格苗木。

1. 苗木培育

（1）在圃时间和培育措施

大规格苗木培育的在圃时间和培育措施应符合 DB11/T 211-2017 的规定。

117

（2）整形修剪

大规格苗木培育应注意及时定干，并根据苗木培育目标及生长速度对树冠进行修剪定型。整形修剪可采用抹芽、摘心、短截、疏枝、拉枝，刻伤、环割等方法。对于中心干明显的树种，修剪时要求留3~5层主枝，每一层留3~4个主枝，轮生枝分几次去掉，每层主枝中间的枝条可适当回缩。对于中心干不明显的树种，在圃期间应结合定干，留4~5个健壮、分布均衡、斜向上生长的枝条作主枝，其余的要进行疏除。

2. 移植前的准备

移植前对苗木质量信息进行检查，苗木质量应符合下列要求：无病虫害，外来苗木应经过植物检疫；无明显的机械损伤；具有较好的观赏性，树冠丰满；植株健壮，生长量正常。

（1）移植前树木修剪

移植前的修剪方案，应根据树种习性、树冠生长状况、移植季节、运输条件、挖掘方式、栽植地条件及设计要求等因素确定。在苗圃期间经过整形的苗木，移植前进行简单修剪，剪去病虫枝、枯枝以及影响移植施工的枝条。在苗圃期间未经过整形的苗木，可结合整形修剪进行适当疏枝。针叶树移植前可适当修剪。修剪时应留1~2cm桩橛。落叶树修剪时剪口应平滑，修剪直径大于2cm的枝条，剪口应及时涂抹保护剂。应对修剪时间进行记录。

（2）断根

大规格苗木应经过移植培育，5年生以上（含5年生）的移植培育至少2次，3年生以上未做过移植或断根处理的超大规格苗木，宜提前1~2年进行断根处理。有条件的情况下，超大规格苗木移植前应分期、分区断根。断根时以树干为中心，以胸径的8~10倍为半径，挖30~40cm的环状沟，切断较粗的根，在断根处适当地喷湿25μg/g浓度的ABT生根粉溶液，以促进移植后的新根萌发，然后用壤土填平。野生苗和山地苗宜归圃养护，生长发育正常后再用于绿化。断根过程应对断根次数、时间进行记录。

（3）其他措施

非正常种植季节移植的超大规格树木，树干应使用麻包片、草绳、无纺布等材料围绕，从根颈至分枝点处进行包裹，定植后再拆除。非正常种植季节移植大规格苗木，为减少树体水分的散失，苗木挖掘（起苗）前树冠上应喷蒸腾抑制剂。

3. 移　植

大规格苗木起苗时间宜与造林季节相配合。冬季土壤结冻地区，一般情况下，在秋季苗木生长停止后和春季苗木萌动前起苗，随起随栽，特殊情况下可进行生长季起苗。苗木起苗出圃要随挖、随包、随运、随栽。大规格苗木移植可分为裸根移植、带土球移植和容器苗移植三种，带土球移植又可分为土球移植和箱板移植两种。有条件的多采用机械移植作业。

根据树种的特性，掌握起苗深度和幅度。做到少伤侧根、须根，保持根系完整和不折断苗干，针叶树等不伤顶芽。大规格苗木移植的土球应符合相应规格，带土球苗木移植的土球直径应为其胸径（或地径）的 8～10 倍，或株高的 1/4～1/3，土球高度应为土球直径的 4/5 以上。根系要达到 DB11/T 222-2004 的规定。超大规格苗木箱板移植土台应符合相应规格，详见《大规格苗木移植技术规程 DB11/T 748-2010》。

挖掘过程中对挖掘时间、人员进行记录。

4. 包装、吊装和运输

苗木挖掘前应做好树冠扎缚和树体支撑，将蒲包、蒲包片、草绳等包装材料用水浸泡好预备包装。大规格苗木带土球（土台）包装，掘取后立即包装，应做到土球（土台）规范、包装结实、不裂不散。

大规格苗木的吊装应使用符合规格、安全稳定的大型机械车辆。吊装时应配备技术熟练的人员统一指挥，操作人员应按安全规定作业。吊装时根部应保证其完好，树冠应围拢，树干应包装保护。对吊装车辆、吊装负责人进行记录。

使用符合规格、安全稳定的大型运输车辆，装车时土球或箱板朝前，树冠向后。运输过程中保护土球完整，不散坨。装车时对于树冠较大的苗木，树冠翘起超高部分应用小绳轻轻围拢，避免拖地。在车厢尾部放稳支架，保持树木平稳，不滚动，垫上软物用以支撑树干，防止擦伤树皮。装车后土球上盖上湿草袋或苫布加以保护，长途运输过程中应对树冠进行喷水处理。需要人员押运时，押运人员应站在树干一侧，不得站在土球或箱板前面。苗木运输到施工现场后应立即检验、栽植，卸车后如不能立即栽植的应将苗木立直、支稳。运输过程应对运输车辆、押运人员进行记录。

长途运输或非适宜季节移栽，还应注意喷水、遮阴、防风、防震等，遇大雨要防止土球淋散。

第六节　管理结构

鉴于目前我国林木种苗行业现状，开展种苗追溯体系的管理应以政府监管和引导为主，采取多层级、多部门的联合管理方式较为合适，可根据纵向管理与横向管理两个方面设计林木种苗追溯的管理框架结构。

一、纵向管理结构

在纵向管理方面主要分为国家级种苗追溯体系管理中心、省级种苗追溯体系数据管理中心、市级种苗追溯体系数据处理中心与县级种子种苗追溯体系数据管理站四个层级。

国家级种苗追溯体系管理中心主要负责建立全国种苗追溯体系的数据库及相应软件开发、支持与维护种苗追溯体系软硬件系统、制定统一的追溯标准、汇总与综合分析生产流通过程相关质量数据、制定种苗追溯体系的评价指标体系、提供种苗产品的消费指导、普及种苗追溯体系相关知识、追溯体系的在线服务、问题产品的投诉服务、对可能出现的种苗质量问题做出提前预警等相关工作，并明确各层级种苗追溯体系管理机构与相关部门的不同分工，做好纵向与横向的管理协调，实现业务部门间与数据间的无缝连接与全程监控。

省级种子质量可追溯系统数据管理中心主要负责各省种子生产主体的相关信息与生产质量信息的汇总、分析与综合评价，以及种子质量的监督与管理，同时将数据分析的初步结果上传至国家管理中心，并将相关处理意见传达给下级管理站点。

市级种苗追溯体系数据处理中心主要负责对各种质量数据进行初步评价，并协助下级机构做好系统维护与相关质量管理工作，同时对消费者的相关投诉意见进行及时处理与汇总，成为防范种苗质量问题的第一道防线。

县级种苗追溯体系数据管理站主要负责辖区内生产经营企业的信息登记与追溯编码的管理、生产数据录入、相关资质审核，对生产档案、质量信息、包装标识、产品质量等进行定期检查与日常监督，对企业与农户进行数据采集、录入等方面的技术指导，同时还要及时发现种子生产销售过程中存在的异常现象，并将相关情况向上级管理中心汇报，争取将种子质量问题的不良后果控制到最低程度。

二、横向管理结构

横向管理方面，需要由种苗管理部门、工商部门、质量监督检验检疫部门、认证部门、电信部门等多部门协调合作，共同完成。

种苗管理部门由各级种苗局、种苗站等部门构成，是发起与推动种子质量追溯体系建设的主管部门。

工商部门主要负责对种苗企业的日常经营活动与竞争行为进行监督审查，对通过种苗追溯体系举报的种苗质量问题进行及时查处，维护正常的市场秩序与消费者的合法权益。

质检部门的主要职责是负责种苗产品的质量监督与检验检疫方面的相关工作，制定可追溯体系所需的相关质量标准与操作规程，检查种苗质量信息的真实性与准确性，并对问题种子及时确定问题来源及存在的生产环节。

认证部门主要负责入网企业种苗品种的质量认证与品种审核，发放相关认证资质证明，以保证入网种苗产品来源的可靠性。

电信部门则主要在系统建设过程中提供相关技术支持，负责对入网企业与相关种植户的网络系统进行维护与升级，以确保数据传输的及时性与连续性，并为消费者查询质量信息提供相应的通信保障。

第六章

林木种苗追溯体系实施的保障与监管

林木种苗追溯体系的建设与实施需要相关的保障措施来确保其能够顺利执行。本章主要从林木种苗产业的特点、现状、追溯要求等方面提出了追溯体系所需的技术保障、资金保障、人员保障及政策保障措施，并分析了政府相关机构在林木种苗追溯中的监管作用。

第一节　保障要素

林木种苗追溯体系的建设与实施需要由国家林业主管部门牵头，联合多部委协作，调动全国林业各级生产单位，建立起种苗追溯市场化运行机制。种苗追溯健康可持续运行，需要各级部门在技术、资金、人才与政策等方面提供充分保障。

一、技术保障

目前，随着现代信息技术飞速发展，电子信息化、大数据、云储存、区块链、全球定位系统等各类高新科技被用于国内产品质量追溯中。随着包含先进技术的产品质量追溯体系建设以及应用不断深化，网络信息化对产品质量管理方式转变以及管理服务创新的重要性进一步增强，已经成为行业信息获取以及市场信息不对称改善的主要渠道。种苗追溯体系想要能够快速准确地对溯源行为做出反应，发现问题的根源，必须依赖于追溯体系的技术保障。可追溯体系的使用者涉及多个行为主体，因此建立林木种苗追溯体系的前提是对各技术节点的数据进行整合，建立信息共建共享机制和林木种苗质量安全信息数据库,从而实现林木种苗从生产到销售的信息在苗圃、企业以及政府之间的共享。

二、资金保障

在林木种苗追溯体系建立之初,无论是配置各运行节点追溯设备,还是提高种苗质量安全追溯体系的参与者积极性和政府、公众的监督力度,都需要资金的保障。首先,政府作为林木种苗可追溯体系的发起者,应当发挥引导、保障和监督作用。可追溯技术需要企业引入专业的工作人员对产品进行追踪和监测,并且追踪数据的处理和分析也需要专业人员来分析(Winston E et al.,2011)。小规模的个人苗圃仅靠自己通常难以实现,政府应投资引入先进技术设立追溯体系、购买先进仪器设备并培训相关技术人员,提供技术支持。特别是可追溯查询终端的运行和维护,直接影响消费者的使用体验。互联网时代信息化普及,借助互联网宣传和推广林草种苗可追溯体系,加强消费者林木种苗质量安全意识,提高社会对林木种苗安全的关注都需要资金持续不断的支持。其次,苗圃作为林木种苗追溯体系的参与者和实行者,由于追溯初期投入和产出不成正比缺乏参与可追溯体系的积极性,额外成本问题是阻碍林木种苗追溯体系设立的重要因素,政府应给予适当的补贴,配置必要的设备并培训人员,对于积极参与的苗圃可提供税收减免政策,建立配套补贴制度以减少各环节参与者的成本负担。

三、人员保障

种苗质量可追溯体系的正常运行需要一定数量高质量工作人员的保障。人员数量方面应做到精简,根据职位的需要增减员工,明确各部门工作人员的职责,避免人员职责边界不清和交叉重叠导致的争执和职责推脱。人员质量指具有一定专业技能,具有较高素质和觉悟的员工。可以通过加大林木种苗安全质量可追溯重要性以及相关法律法规的宣传来提高人员质量。培养和壮大加入林木种苗质量安全追溯体系各环节参与者是人员保障的另一重要方面。依靠市场带动苗圃等种苗生产培育方不断加入种苗质量追溯体系，实现林木种苗追溯体系生产经营规模化程度不断提高，林木种苗生产安全质量水平不断提升。

四、政策保障

种苗可追溯体系的建立是为了保障种苗质量，维护种苗市场的规范运行，使得消费者避免损失。从这个角度来看，种苗行业也是一个民生保障行业。由于种苗生产的特殊性，许多种植户或者企业前期投入巨大，一旦其种苗出现质量问题，对其损害是巨大的。同时，质量较差的苗木进入市场，造林后的森林质量也无法保障，对民众的生态环境、经济发展都有影响。不少欧盟、美国等国家确立了国家和区域层面的产品追溯法律法规制度，并严格执法。可追溯体系本身带有一定的行业规范属性，政府作为可追溯体系的宏观监控主体，应从种苗质量标准和质量监管法律法规两方面来改善可追溯体系运行的外部环境，加强对苗木质量安全的监管，制定相关政策以达到对追溯参与者进行规范约束的目的。由于种苗质量可追溯体系依托于计算机技术以及数据间的信息传递，因此也需要规范数据的传输以及不同的操作系统、数据库之间数据的上传和下载，从而建立追溯的标准化传输协议（M. Thompson et al.，2005）。如果没有政策的干预和保障，一旦可追溯体系发生种苗质量安全等问题，大多数追溯供应链上的苗圃和企业不会主动承担责任，也不会解决问题并进行改善。只有通过制度规范，将政府及公共部门、企业、消费者的权力和义务做出明确规定，促进多方共同合作，才能建立一个完整的种苗质量可追溯体系。

第二节　政府监管

林木种苗质量的安全关系到林木行业的生命力和持续发展动力，对于劣质种苗混杂其中的种苗市场将极大地威胁到我国林木行业的健康持续发展。因此，依托构建的林木种苗追溯体系，构建一套完整的可行有力的种苗行业政府监管机制是非常有必要的。

结合目前国内其他行业的政府监管机制和种苗行业的特殊性，分段式政府监管会是比较高效且便于实践的政府监管机制。以国家林业和草原局为领导，在地方各地建立起省、市、区（县）三级多层的监管机制，自上而下地建立和完善林木种苗追溯体系政府监管网络，做到网络化和全覆盖。目前，全国各地均有地方级的林业和草原局负责所辖区域内的林业生态规划建设、林业产业指导与管理、野生动植物保护、森林病虫害防治和森林资源保护等重任。因此，要想建立起行之有效的多层林木种苗政府监管网络，就需要各地方各级林业和草原局之间加强联系并且在所辖区域内积极开展落实种苗调查和监管工作。

在种源环节，地方政府应当加强和地方企业及种苗生产商的联系，勤监督，多管理，积极深入企业和生产商内部，了解辖区内的种苗生产模式和种苗追溯工作落实情况。另外，地方政府应当督促地方种苗生产商积极投入种苗追溯体系当中，实时上传种苗相关数据，筛劣取优，从而在种源上保障林木种苗行业的产品质量安全，保障消费者的合法权益，提高社会信任度。

在运输环节，政府及相关管理部门应当做好引导工作，积极根据不同品种制定一系列相应的运输环境标准，并且积极开展监督抽查工作。地方林业和草原局应当通过种苗追溯体系了解当地生产商的运输手段、途径和流通方向，对其运输环节风险进行预估和积极干预，确保在运输过程中，林木种苗不会出现跨区引种、无证流通等情况，对一些国家重大工程用苗更应做好监督工作。

在销售环节，各级林业和草原管理部门可借助种苗追溯体系对种苗销售市场进行宏观调控。可以通过体系来判断苗木市场行情，确保种苗行业价格合理。各级管理监管部门，可以在市场自身的价格调节上，积极进行干预，避免出现价格上的恶性竞争等问题。可以规范销售地点和手段，目前很多地区仍然采用私下交易的方式，卖方不知道种苗最终的去向，买方也不知道种苗生产环节的各项数据和质量情况。因此，地方政府应该积极规范其所辖区域的种苗销售地点和手段，禁止一系列没有生产许可的生产商进行私下交易，监督和管理各地方种苗生产企业和商家在规定的地方，并在政府监管人员的监督记录下完成交易，卖方需提供完整的种苗生产过程中的各项指标和数据，买方则需要登记买苗用途和栽种方向，从而保障买卖过程的透明性和政府监管的参与性。另外，对于那些诚信经营，积极响应加入种苗追溯体系的生产商，政府应给予优先售卖权，并且平台应当将其产品纳入推荐购买商品，鼓励消费者购买，从而激励更多的林木种苗生产商加入林木种苗追溯体系中来。

第七章

林木种苗追溯体系建设

林木种苗追溯体系的建设与实施是一项系统工程，需要林业相关管理机构、企业等发挥各自作用，共同推进，分步实施。下一步建设林木种苗追溯体系需要从追溯技术创新、人才培养、执法监督、知识产权、市场服务、经费支持、法规和标准、标签使用及试点建设等九个方面开展工作。

一、鼓励开展高新技术创新

高新科技的运用是提高种苗质量追溯科技水平和效果的核心关键。当前，很多林木种苗生产企业为节约开销，不愿意在更新科技方面投入成本，在经营管理中依旧采用旧的模式和科技手段，导致种苗追溯信息收集管理存在很大的问题，很难和林木种苗追溯体系接轨。因此，需要政府等有关部门对一些中小企业及国营苗圃林场等给予一定支持鼓励，并且在必要时可以对林木种苗生产方技术更新提出强制性要求，从而保障林木种苗追溯体系的顺利运行，保障我国林木种苗行业顺利进入林木种苗行业信息化时代。

二、培养高级专业人才

目前，我国林业高科技人才缺乏，尤其是在种苗一线从事生产管理的技术人员特别缺乏。而林木种苗追溯对种苗管理水平的要求较高，不仅是苗木种植管理，而且在信息上传、处理、分析过程中，也要求种苗行业的相关人员具备较高的知识水平和能力。所以，政府应当引导和加大种苗追溯相关的人才队伍建设工作。顶层设计再完善，如果没有基层实操人员的认真负责管理，种苗追溯执行起来也是很困难的。推进新时代林木种苗事业发展，需要健全的组织机构和精干的队伍做保证。但从各省份种苗管理机构和人员现状来看，极不适应种苗事业的发展。建议以国家林业和草原局名义督促各省份，参照国家林业和草原局党组对国家林木种苗机构改革的做法，加强种苗机构和队伍建设，为服务造林绿化、推进林业现代化建设提供有力保障。

三、加强监督执法水平

林业部门要加强追溯信息在线监控和实地核查，重点对主体管理、信息采集等有关情况实施监督，推进落实各方责任。规范监管、检测机构信息采集管理，确保监管、检测信息及时准确上传。健全追溯管理激励、惩戒机制，建立生产经营主体信用档案和"黑名单"制度，对不履行追溯义务、填报信息不真实的生产经营主体，加大惩戒力度。一切由于虚报数据导致的种苗品质评价与种苗真实品质不符的不良结果均要追究生产者和商家的责任。改变过去种苗质量抽查方式，结合林木种苗追溯体系，实行线上线下结合的种苗质量抽查方式，使其成为种苗质量管理实绩核查的主要内容，并实行种苗质量一票否决。同时，结合种苗追溯体系，提升智慧监管能力。建立"用数据说话、用数据管理、用数据决策"的管理机制，充分发挥系统的平台决策分析功能，整合主体管理、产品流向、监管检测、共享数据等各类数据，挖掘大数据资源价值，推进种苗产品质量安全监管精准化和可视化。建立追溯管理与风险预警、应急召回的联动机制，提升政府决策和风险防范能力，加强事中、事后监管，提高监管的针对性、有效性。市场经济下，种苗生产商在经济利益的诱导下进行违法销售的可能性很大。许多不良企业以劣代优、以次充好、以假乱真销售苗木，严重破坏了林木种苗市场，导致社会对林木种苗质量的信任度下降。开展定期和不定期的种苗执法活动，推动林木种苗执法由行业内执法向社会执法转变。以全国"打假治敲"专项行动办公室对省级政府打假工作绩效考核为抓手，加大打击生产、销售假冒伪劣种苗以及无证生产和运输等行为力度，建立林木种苗案件查处通报制度。加强基层种苗执法人员的培训和指导，提高种苗行政执法的能力和水平。

四、强化知识产权保护

依托林木种苗追溯体系，整合建立"高度开放、覆盖全国、共享共用、通查通识"的国家林木种苗知识产权平台，赋予监管机构、检测机构、执法机构和生产经营主体使用权限，采集主体管理、产品流向、监管检测和公众评价投诉等相关信息，逐步实现林木种苗产品可追溯管理。在此基础上，充分利用林木种苗追溯体系的苗木流通管理功能，在种质资源普查工作的基础上，将我国林木优良品种、良种纳入追溯体系。同时，鼓励各级林木种苗生产企业加入林木种苗追溯体系，鼓励林业类大专院校、科研院所、基层生产单位将培育出的新品种、良种信息上传种苗追溯系统。借助追溯系统的种苗流通监督功能，实现种苗的知识产权保护。

五、提高市场服务能力

基于种苗追溯体系，分析近年来种苗使用情况，对未来用苗量进行预判。加强与造林部门的联动，实现将造林与用苗以及苗木培育结合，运用种苗大数据，分析预测未来2~3年种苗供需情况，发布全国性、区域性、地域性种苗供需报告，引导种苗生产和社会需求。借助"互联网+种苗"，建立起政府种苗管理机构公共服务与行业协会等社会服务相结合的服务网络，为林木种苗生产、经营和使用者在信息引导、技术支持、市场拓展、人才培训等领域提供全方位服务。可以将种苗追溯体系与已有知名的种苗网络、电子商务平台结合，联合打造一批种苗交易和信息平台，结合大数据管理，分析苗木供需情况及价格趋势，为种苗行业及社会各界提供权威、公信、及时、准确的信息资讯服务，促进形成高效的全国苗木交易网络平台。针对一些地区和企业已经开发的林木种苗追溯平台，要充分发挥已有的功能和作用，探索建立与国家级林木种苗追溯体系的数据交换与信息共享机制，加快实现与国家追溯平台的有效对接和融合，将追溯管理进一步延伸至地方和企业。鼓励有条件的规模化林木种苗生产经营主体建立企业内部运行的追溯体系，如实记载种苗投入使用、出入库管理等生产经营信息，用信息化手段规范生产经营行为。

六、加强经费扶持

林木种苗追溯体系需要大量的资金成本，建议扩大中央财政林木良种补贴资金额度和使用范围，争取各方对种苗追溯工作的支持。一是支持和鼓励地方各级林业和草原主管部门尽快建立林木种苗追溯工作资金补贴制度。二是扩大种质资源保护工程投资额度和使用范围，争取发展和改革委员会的支持，将目前每年1个亿增加到3个亿，将投资范围扩大到种质资源保护、良种繁育基地、采种基地、保障性苗圃基础设施建设。三是建立林木种子储备制度和林木良种统一调配制度，安排种子专项储备资金，以丰补歉。

七、完善法规和标准

加快修订与《种子法》相配套的林木种苗追溯相关法规和标准。尽快出台国家林木种苗产品质量安全追溯管理办法，明确追溯要求，统一追溯标识，规范追溯流程，健全管理规则。加强种苗行业与有关部门的协调配合，健全完善追溯管理与市场准入的衔接机制，以责任主体和流向管理为核心，以扫码入市或索取追溯凭证为市场准入条件，构建从产地到林地的全程可追溯体系许可、标签、档案、种苗质量等管理办法。鼓励各地会同有关部门制定林木种苗追溯管理地方性法规，建立主体管理、包装标识、追溯赋码、信息采集、索证索票、市场准入等追溯管理基本制度，促进和规范生产经营主体实施追溯行为。充分借鉴国外相关行业和产品的质量追溯立法经验，推动种苗产品质量安全追溯管理法治化，重点将主体管理、市场准入、主体责任、监督管理、处罚措施等关键要素纳入法律范畴，为追溯管理提供法律依据。加快制定林木种苗分类、编码标识、平台运行、数据格式、接口规范等关键标准，统一构建形成覆盖基础数据、应用支撑、数据交换、网络安全、业务应用等类别的追溯标准体系，实现全国种苗产品质量安全追溯管理"统一追溯模式、统一业务流程、统一编码规则、统一信息采集"。各地应制定追溯操作指南，编制印发追溯管理流程图和明白纸，加强宣传培训，指导生产经营主体积极参与。相关种苗追溯标准化委员应建立林木种苗追溯标准化体系，加强标准化工作顶层设计，规划形成林木种苗追溯标准时间表、路线图，研制种苗追溯基础共性标准，结合林木种苗追溯示范点开展标准化追溯工作示范，及时收集标准实施的反馈信息，不断完善林木种苗标准制(修)订工作。

八、加强生产标签使用

结合林木种子包装和标签管理办法，开发种苗生产过程信息收集 App，推行种苗生产经营过程电子信息化即时上传制度，对种苗质量能够起到追溯作用。种苗生产经营者的生产经营档案报备情况和档案内容的真实性、准确性情况作为其下次办理林木种子生产经营许可证的许可依据之一。对标签内容存在造假等违法行为的，依法追究种苗生产经营者的法律责任。林木种子标签可以由林业主管部门统一印制，免费发放，也可由种子生产经营者自行制作，但要符合该管理办法规定。标签使用时应当加盖生产经营者印章。林木种子标签制作材料应当有足够的强度和防水性，标注文字应当清晰，使用规范的中文。标签印刷要清晰，可以直接印制在包装物表面，也可制成印刷品粘贴、固定或者附着在包装物外或者放在包装物内。

九、推动试点建设

在种苗追溯体系建设完成后，深入开展追溯体系建设示范工作，打造从生产、流通到消费的全过程信息化追溯链条，推进生产经营全过程质量和风险管控，实现产品来源可查、去向可追、责任可究，打造放心消费主渠道，助力消费转型升级。可选择部分基础条件好的省份开展区域试运行，根据试运行情况进一步完善国家平台业务功能及操作流程。通过不断完善，促进建成国家、行业、地方、团体和企业等种苗追溯工作相互协同，实现覆盖全面、重点突出、结构合理、规范统一的林木种苗追溯标准化。同时，通过试点实施效果，建立种苗追溯实施效果评价和反馈机制，发挥示范点的辐射、带动和引领作用，逐步扩大追溯试用范围，保障林木种苗生产经营水平和种苗质量安全水平稳步提升。

参考文献

爱德华·弗里曼，2006. 战略管理：利益相关者方法［M］. 王彦华，梁豪，译. 上海：上海译文出版社.

安国庆，2019. 基于区块链技术的医药供应链溯源模式优化的研究［D］. 大连：东北财经大学.

北京市园林绿化局（首都绿化委员办公室），2021. 北京市林草种子标签管理办法：京绿办发［2020］287 号［A/OL］.（2021-02-08）［2022-1-26］. http：//yllhj. beijing. gov. cn/zwgk/fgwj/qtwj/202102/t20210210 ＿2282225. shtml.

陈博，王冉，巩国洋，2019. 新时期林木种苗产业经济效益提升对策探讨［J］. 南方农业，13(11)：94-96.

陈光兴，2021. 现代林业发展与生态文明建设关系探究［J］. 现代农业科技(14)：247-254.

陈仁泽，2010. 五年后蔬菜水果可溯源［J］. 农村经济与科技：农业产业化(4)：1.

陈松，钱永忠，2014. 农产品质量安全追溯管理模式研究［M］. 北京：中国标准出版社.

成石，2011. 发达国家在农产品追溯方面的经验［J］. 商场现代化(25)：1.

代纪磊，2019. 基于区块链与物联网耦合的 DLS 公司生鲜猪肉质量追溯体系研究［D］. 济南：山东大学.

党立伟，2013. 离散型生产系统准时化物料配送方法的优化研究［D］. 上海：上海交通大学.

董贵山，陈宇翔，张兆雷，等，2018. 基于区块链的身份管理认证研究

［J］. 计算机科学，45（11）：52-59.

高捍东，2005. 我国林木种苗产业化现状与对策［J］. 林业科技开发（1）：
　　7-9.

高乾奉，任杰，2018. 林木种苗产业供给侧改革的路径探析——基于合肥
　　市林木种苗产业的现状分析［J］. 安徽农业科学，46（26）：102-104.

关煜涵，2019. 研究提高林木种苗质量的有效措施［J］. 种子科技，37
　　（15）：133-135.

国家发展和改革委员会，财政部，国家林业局，2010. 全国林木种苗发展规划
　　（2011-2020 年）［EB/OL］.（2010-11-07）［2022-1-26］. https：//wenku.
　　baidu. com/view/c53d1f78876fb84ae45c3b3567ec102de2bddfe9. html.

国家林业和草原局，2011. 国家林业局关于 2011 年林木种子质量抽查情况
　　的通报［EB/OL］. 中国政府网.（2011-12-06）［2022-01-26］. http：//
　　www. gov. cn/zwgk/2011-12/06/content_ 2012733. html.

国家林业和草原局，2013. 国家林业局关于印发《林木种苗工程管理办法》
　　的 通 知 ［EB/OL］.（2013-09-09）［2022-01-26］. https：//
　　www. forestry. gov. cn/main/5925/20200414/090421253567703. html.

国家林业和草原局，2013. 国家林业局关于印发《林木种子生产经营档案管
　　理办法》的通知［EB/OL］. 国家林业和草原局政府网.（2013-09-09）
　　［2022-01-26］. https：//www. forestry. gov. cn/main/5925/20200414/
　　090421848547311. html.

国家林业和草原局，2019. 国家林业和草原局关于推进种苗事业高质量发
　　展的意见［EB/OL］. 中国政府网.（2019-08-23）［2022-01-26］.
　　http：//www. gov. cn/xinwen/2019-08/23/content_ 5423711. html.

国家林业和草原局，2019. 国家林业和草原局关于印发《引进林草种子、苗
　　木检疫审批与监管办法》的通知［EB/OL］. 国家林业和草原局政府网.
　　（2019-12-02）［2022-01-26］. https：//www. forestry. gov. cn/main/5925/
　　20200414/090421790878898. html.

国家林业和草原局，林场种苗管理司，全国苗木供需分析研究组，2021. 2022 年
　　全国苗木供需分报告［EB/OL］.（2021-09-22）［2022-1-26］. https：//

www. forestry. gov. cn/html/lczms/lczms ＿ 6/20211015162617195179509/file/ 20211015162745124561538. pdf.

国家林业和草原局，2020. 国家林业局令（第44号）主要林木品种审定办法［A/OL］. 中国政府网.（2020－03－31）［2022－10－26］. http：//www. gov. cn/gongbao/content/2018/content＿ 5254317. html.

国务院，办公厅，2013. 国务院办公厅关于深化种业体制改革提高创新能力的意见［EB/OL］. 中国政府网.（2013－12－25）［2022－01－26］. http：//www. gov. cn/zwgk/2013－12/25/content＿ 2553966. html.

郝琨，信俊昌，黄达，等，2017. 去中心化的分布式存储模型［J］. 计算机工程与应用，53（24）：1-7.

何小洋，刘晓春，2014. 林木种苗产业发展现状与思考［J］. 江苏林业科技，41（1）：50-52.

贺彩虹，周子哲，李德胜，等，2019. 中欧食品安全监管体系比较研究［J］. 食品工业科技，40（19）：216-220.

贺长鹏，郑宇，王丽亚，等，2014. 面向离散制造过程的RFID应用研究综述［J］. 计算机集成制造系统，20（5）：1160-1170.

湖南省林业局，2020. 黑龙江造林须建苗木"档案"数据"终生可溯"［EB/OL］.（2020－03－31）［2022－10－26］. http：//lyj. hunan. gov. cn/lyj/xxgk＿ 71167/gzdt/gndt/202003/t20200331＿ 11867697. html.

黄向明，宿彪，王伏林，等，2016. 基于B/S模式的工程机械再制造过程信息追溯系统设计与实现［J］. 计算机应用与软件，33（10）：82-86.

黄宇，2013. 基于对称多项式方法的物联网感知层安全技术研究［D］. 辽宁大学.

姜晨，2018. 北京市新一轮百万亩造林开启［N/OL］. 北京日报.（2018－04－09）［2022－1－26］. http：//www. gov. cn/xinwen/2018－04/09/content＿ 5280842. html.

焦自龙，2020. 苗木行业的"内销"与"外销"［J］. 中国花卉园艺，（14）：15-16.

孔洪亮，李建辉，2004. 全球统一标识系统在食品安全跟踪与追溯体系中的应用[J]．食品科学(6)：188-194．

李涛，李玥，2017．云计算环境下计算机信息安全保密技术应用与研究
[J]．网络安全技术与应用(7)：78-80．

国家林业和草原局，2016．国家林业局关于印发《林木种子包装和标签管理
办法》的通知[EB/OL]．国家林业和草原局政府网．（2016-07-22）
[2022-01-26]．https：//www.forestry.gov.cn/main/5925/20200414/
090421187825229.html．

刘峰，2021．浅谈林木种苗生产经营档案管理现状及对策[J]．安徽农学通
报，27(17)：87-88．

刘红，2011．国家林木种苗发展战略研究[D]．南京：南京林业大学．

刘津，2019．基于区块链的产品质量追溯服务平台的研究与实现[D]．西
安：西北大学．

刘俊华，王岩峰，都娟，等，2006．基于信息共享的食品可追溯系统研究
[J]．世界标准化与质量管理(12)：32-35．

刘丽娜，2013．我国林木种苗质量检验能力必要性研究[J]．吉林农业
(5)：61．

刘笑冰，李宇佳，刘芳．2019．基于生态文明视角的造林工程成本核算研
究——以北京市京津风沙源治理工程为例[J]．林业经济，41（03）：
119-124．

刘勇，2019．林木种苗培育学[M]．北京：中国林业出版社．

刘增金，2015．基于质量安全的中国猪肉可追溯体系运行机制研究[D]．北
京：中国农业大学．

栾汝朋，孟庆翔，张峻峰，等，2012．牛肉产业链全程质量安全追溯体系
的建立与应用[J]．中国农学通报，28(6)：252-256．

马蓓莉，2021．林业种苗管理措施与生产技术探讨[J]．现代农业科技(6)：
149-150．

马永杰，蒋兆远，杨志民，2008．基于遗传算法的自动仓库的动态货位分
配[J]．西南交通大学学报，43(3)：415-421．

钱建平，李海燕，杨信廷，等，2009．基于可追溯系统的农产品生产企业

质量安全信用评价指标体系构建[J]. 中国安全科学学报，19（6）：135-141.

单颖珊，2019. 造林绿化工程中苗木移栽技术对成活率的影响[J]. 花卉（10）：220-221.

沈国舫，翟明普，2011. 森林培育学[M]. 北京：中国林业出版社.

食品与发酵工业，2010. 国外食品质量安全应用追溯系统应用现状[J]. 食品与发酵工业，36(1)：4.

孙晶，2016. 现代林业与生态文明建设的关系探析[J]. 现代农业科技(1)：196-199.

孙鹏，2020. 优质种苗服务国土绿化[N/OL]. 中国绿色时报. （2020-12-03）[2022-01-26]. https：//www. forestry. gov. cn/main/586/202012 03/085724006111523. html.

孙元欣，2003. 供应链管理原理[M]. 上海：上海财经大学出版社.

王刚毅，陈思宇，柏凌雪，2021. 非洲猪瘟对生猪产业链协同的影响——基于生猪上市企业数据的实证[J]. 中国畜牧杂志，57(12)：239-244.

王进，周鹏飞，邱晓荣，2016. 医药疫苗冷链物流监控系统的设计与实现[J]. 科技资讯，14(5)：5-7.

王力坚，孙成明，陈瑛瑛，等，2015. 我国农产品质量可追溯系统的应用研究进展[J]. 食品科学，36(11)：267-271.

王立方，陆昌华，谢菊芳，等，2005. 家畜和畜产品可追溯系统研究进展[J]. 农业工程学报(7)：168-174.

王文华，2018. 林木种苗管理中存在的问题及对策[J]. 时代农机，45(9)：14.

王晓平，张旭凤，2013. 农产品可追溯制度下企业与农户行为的博弈[J]. 中国流通经济，27(9)：94-99.

王雪冬，2015. 现代林业发展与林业技术关系初探[J]. 智富时代，（10）：217.

王岳含，2016. 我国种子质量可追溯系统研究[D]. 北京：中国农业科学院.

魏秀莲，邓程君，孟庆翔，2012. 肉牛生产全程质量安全追溯体系国内外研究进展[J]. 饲料研究(9)：16-17.

文史哲，2015. 德国"狩猎规范"[J]. 杂文选刊(1)：7.

席群波，2010. 茶叶产业链质量可追溯体系研究[D]. 长沙：湖南农业大学.

邢世岩，2011. 国外林木种苗生产的理念及关键技术[J]. 林业科技开发，25(2)：1-5.

许博明，2017. 基于物联网的蔬菜质量追溯系统设计与实现[D]. 北京：北京交通大学.

闫晶晶，2014. 吉林省蔬菜质量安全可追溯体系研究[D]. 长春：吉林大学.

杨志坚，张伯坚，丁炳山，2004. 2000新版ISO9000食品行业实践指南. [M]. 北京：国防工业出版社.

姚亮，2020. 辽宁省林木种苗发展情况调研分析[J]. 种子科技，38(1)：118-119.

有道咨询，2020. 什么是ISO9000族标准？[DB/OL].（2020-07-20）[2022-01-26]. http：//www.yd-iso.com/news/2020072016433920.html.

禹忠，郭畅，谢永斌，等，2020. 基于区块链的医药防伪溯源系统研究[J]. 计算机工程与应用，56(3)：35-41.

曾红莉，秦富生，2016. 日本、韩国船舶标准化机构初探[J]. 船舶标准化与质量(5)：14-21.

张春燕，李作臣，王旭有，2014. 澳大利亚牛肉可追溯系统建设经验及启示[J]. 农村经济与科技，25(9)：46-47.

张建斌，2011. 全产业链合力管理成就美国食品安全[N/OL]. 中国食品报.（2011-12-1）[2022-1-26]. https：//www.feedtrade.com.cn/news/china/20111201180302_1989518_3.html.

张凯，2016a. 基于条码技术的汽轮机零部件质量信息系统的研究与设计[J]. 中小企业管理与科技(9)：2.

张凯，2016b. 基于条码技术的汽轮机零部件质量追溯系统研究与开发[D].

上海：上海交通大学.

张黔生，李晶，龚映梅，等，2019. 普洱茶质量安全可追溯行为管控的灰色关联评价研究[J]. 经济问题探索(9)：51-58.

张守文，2019. 发达国家和地区食品追溯制度及案例解析[N]. 中国市场监管报，2019-11-19(008).

张运忠，钟翡，2021. 苗木有了"身份证"从哪儿来到哪儿去全程追溯——北京苗木电子标签引领林草种苗质量监督管理新模式. [J]. 绿化与生活(2)：2.

赵丰，赵端正，2006. 基于 B/S、C/S 集成模式应用软件的开发研究[J]. 中国科技信息(18)：171-173.

郑火国，2012. 食品安全可追溯系统研究[D]. 北京：中国农业科学院.

智能制造网，2022. 云南正卡电子科技有限公司云南 RFID 电子标签[A/OL]. 智能制造网. （2018-10-30）[2022-2-15]. https：//www.gkzhan.com/st170300/product_ 8602916. html.

中华人民共和国国务院，2005. 中华人民共和国进出口货物原产地条例[A/OL]. 中国中央政府网. （2005-05-23）[2022-1-26]. http：//www.gov.cn/zwgk/2005-05/23/content_ 240. html.

中国新闻网，2021.《北京市林草种子标签管理办法》将于 3 月 1 日实施[A/OL]. 中国新闻网. （2021-02-24）[2022-6-11]. https：//www.chinanews.com. cn/gn/2021/02-24/9418217. shtml.

钟志，2019a. 日本产品责任立法及其发展[J]. 中国质量技术监督(5)：78-79.

钟志，2019b. 日本食品安全监管现状[J]. 中国质量技术监督(12)：76-77.

周峰，徐翔，2007. 欧盟食品安全可追溯制度对我国的启示[J]. 经济纵横(19)：71-73.

周洁红，姜励卿，2007. 农产品质量安全追溯体系中的农户行为分析——以蔬菜种植户为例[J]. 浙江大学学报：人文社会科学版(2)：118-127.

周洁红，李凯，陈晓莉，2013. 完善猪肉质量安全追溯体系建设的策略研究——基于屠宰加工环节的追溯效益评价[J]. 农业经济问题, 34(10): 90-96.

朱毅, 2011. 澳大利亚汽车产品市场准入管理及其国际影响力[J]. 安全与电磁兼容(2): 41-42.

朱英, 2021. 北京: 新一轮百万亩造林完成 80%[N/OL]. 北京日报. (2021-08-16)[2022-1-26]. http://www.gov.cn/xinwen/2021-08/16/content_ 5631482.html.

GB 6001-1985, 育苗技术规程[S]. 北京: 中国标准出版社, 1985.

GB 6000-1999, 主要造林树种苗木质量分级[S]. 北京: 中国标准出版社, 1999.

GB 7908-1999, 林木种子质量分级[S]. 北京: 中国标准出版社, 1999.

GB/T 10114-2003, 县级以下行政区划代码编制规则[S]. 北京: 中国标准出版社, 2003.

DB11/T 222-2004, 主要造林树种苗木质量分级[S]. 北京: 北京市市场监督管理局, 2004.

GB/T 13923-2006, 国土基础信息数据分类与代码[S]. 北京: 中国标准出版社, 2006.

GB/T 2260-2007, 中华人民共和国行政区划代码[S]. 北京: 中国标准出版社, 2007.

DB33/T 653.2-2007, 林业容器育苗标准 第2部分: 技术规程[S]. 北京: 北京市市场监督管理局, 2007.

GB 12904-2008, 商品条码 零售商品编码与条码表示[S]. 北京: 中国标准出版社, 2008.

DB11T748-2010, 大规格苗木移植技术规程[S]. 北京: 北京市市场监督管理局, 2010.

LY/T 1000-2013, 容器育苗技术[S]. 北京: 中国标准出版社, 2013.

GB/T 33993-2017, 商品二维码[S]. 北京: 中国标准出版社, 2017.

DB11/T 211-2017, 园林绿化用植物材料 木本苗[S]. 北京: 北京市市场监督管理局, 2017.

DB11/T 476-2021，林木育苗技术规程[S]. 北京：北京市市场监督管理局，2021.

ANDREW Meredith. 2018. All Scottish cattle to be EID tagged from 2020[A/OL]. Farmers Weekly. (2018 - 06 - 15)[2022 - 2 - 15]. https：//www. fwi. co. uk/business/compliance/eid-tagging-scottish-cattle-2020.

CAO Y, JIA F, MANOGARAN G. 2019. Efficient traceability systems of steel products using blockchain-based industrial Internet of Things[J]. IEEE Transactions on Industrial Informatics，16(9)：6004-6012.

CHEN S, SHI R, REN Z, et al. 2017. A blockchain-based supply chain quality management framework. //CHEN S, SHI R, REN Z, et al. The Fourteenth IEEE International Conference on e-Business Engineering. Shanghai：IEEE Computer Society.

CHEN Y, DING S, XU Z, et al. 2018. Blockchain-based medical records secure storage and medical service framework[J]. Journal of Medical Systems，43(1)：5.

BROCK D. 2001. The physical markup language (PML)：a universal language for physical objects[R]. BROCK D. //Technical Report MIT. Massachusetts：MIT Auto-ID Center.

DONG K T P, SAITO Y, HOA N T N, et al., 2019. Pressure-state-response of traceability implementation in seafood-exporting countries：evidence from Vietnamese shrimp products [J]. Aquaculture International，27 (5)：1209-1229.

GOLAN E H, KRISSOFF B, KUCHLER F, et al. 2004. Traceability in the U. S. food supply：economic theory and industry studies[R]. Agricultural Economics Reports.

GS1 in Europe, 2015. EU Meat and Poultry Traceability Implementation Guideline Physical Product and Information Flow[S]. GS1 in Eruope.

INDRANIL M., 2012. Supply chain management for effective people Management：issues and challenges[J]. Journal of Operations Management，11(4)：

53-64.

JILL E. Hobbs, 2004. Information asymmetry and the role of traceability systems[J]. Agribusiness, 20(4): 397-415.

KARNANINGROEM Nieke, PRADANA Adhitia Satria, 2021. Study Risk Minimization of The Use Bottled Drinking Water (BDW) By Consumers Using Hazard Analysis Critical Control Point (HACCP) Method [J]. IOP Conference Series: Earth and Environmental Science, 799(1): 12-37.

KUMAR A., FISCHER C., TOPLE S., et al., 2017. A traceability analysis of Monero's blockchain[C]. European Symposium on Research in Computer Security. Cham: Springer(38): 153-173.

BEVILACQUA M., CIARAPICA F. E., GIACCHETTA G., 2008. Business process reengineering of a supply chain and a traceability system: a case study [J]. Journal of Food Engineering, 93(1): 13-22.

THOMPSON M., SYLVIA G., MORRISSEY M. T., 2005. Seafood traceability in the United States: current trends, system design, and potential applications[J]. Comprehensive Reviews in Food Science and Food Safety, 4 (1): 1-7.

MASUDIN Iiyas, RAMADHANI Anggi, RESTUPUTRI Dian Palupi, 2021. Traceability system model of Indonesian food cold-chain industry: a Covid-19 pandemic perspective[J]. Cleaner Engineering and Technology, 4: 100238.

OUERTANI M. Z., BAïNA S., GZARA L., et al., 2011. Traceability and management of dispersed product knowledge during design and manufacturing [J]. Computer-Aided Design, 43(5): 546-562.

PRISCILLA D'Amico, ARMANI A., CASTIGLIEGO L., et al., 2014. Seafood traceability issues in Chinese food business activities in the light of the European provisions[J]. Food Control, 35(1): 7-13.

REGATTIERI A., GAMBERI M., MANZINI R., 2007. Traceability of food products: general framework and experimental evidence[J]. Journal of Food Engineering, 81(2): 347-356.

SRIRAN T, RAO V K. Applications of barcode technology in automated storage & retrieval systems[J]. IECON Proceedings, 1995, (1): 5-10.

TSITSIFLI Stavroula, TSOUKALAS Dionysios S., 2021. Water safety plans and HACCP implementation in water utilities around the world: benefits, drawbacks and critical success factors. Environmental Science and Pollution Research International, 28(15): 18837-18849.

VAN DER Merwe, M., Kirsten, J. F., 2015. Traceability systems and origin based meat products in the South African sheep meat industry[J]. Agrekon, 54(1): 56-69.

WANG X, LI L, MOGA L M, et al., 2018. Development and evaluation on a wireless multi-sensors system for fresh-cut branches of the North American holly cold chain [J]. Computers and Electronics in Agriculture, 148: 132-141.

WINSTON E. MARTE, TERUAKI Nanseki, Fernando Bienvenido, 2011. The role of education, institutional settings and ICT on the integrated production development in Almeria, Spain[J]. Agricultural Information Research, 20(2): 66-73.

建立种苗追溯制度推进林业和草原高质量发展

——关于加强种苗质量管理的调研报告

国家林业和草原局林场种苗司　2020 年 12 月 22 日

"林以种为本，种以质为先"，种苗质量的好坏决定着造林绿化的成败，决定着林业生态经济社会效益的产出。为做好新时期林草种苗质量管理工作，在 2018 年全面开展种苗工作调研形成"一个判断、两个认识、三方面问题"基本结论的基础上，国家林业和草原局林场种苗司于 2020 年 10~11 月赴江西、安徽、云南等省份对当前种苗质量管理情况进行了专题调研，同时查阅了大量国内外产品质量管理方面的文献，组织开展了 3 次座谈和研讨。通过调研和研讨，我们认为：建立种苗质量可追溯制度，加强种苗从生产到销售全过程管理，能够从根本上提高种苗质量。

一、林木种苗是一种特殊商品，质量管理模式不同于一般工业产品

林木种苗具有商品的一般属性，同时，因其具有地域性、生命性、遗传性、长期性和公益性的特点，决定其不同于一般的商业产品。按照一般商业产品质量管控的模式对种苗质量进行监管，不符合种苗生产和使用的实际。

（一）种苗质量的前提是"适地适树"

适地适树是确保植树造林成功的一项基本原则。树木生长与自然条件密切相关，适地适树包括不同树种对光照、气候、土壤的不同要求等。我国很早就认识到适地适树在植树造林中的重要性。例如，西汉刘安《淮南子》中说："欲知地道，物其树"，指出了树木生长与自然条件的密切关系。北魏贾思勰著《齐民要术》对此有进一步的阐述："地势有良薄，山、泽有异宜。顺天时，量地利，则用力少而成功多，任情返道，劳而无获"，精辟地说明了适地适树的意义和重要性。适地适树概念中的"树"，既包括树种，也包括适地适种源、适地适类型、适地适品种的含义。造林使用苗木的遗传品质再好、苗木规格再高，如果不适应当地的立地条件，也会出现年年造林不见林的现象。

（二）种苗质量的核心是"遗传品质"

常言道"一粒种子能改变一个世界"。种苗是科学造林、科技兴林的最主要体现，是提高林业生产力的根本所在。通过品种创新和使用良种，可以营造出高质量的森林，可以在有限的土地上生产出更多更好的林产品和生态产品，可以创造出更大更综合的生态、经济、社会效益。实践证明，林木良种的遗传增益十分显著。以杉木为例，杉木初级种子园的种子与普通种子相比遗传增益可达 20% 以上，三代种子园种子遗传增益可达 35% 以上。油茶普通品种平均亩产茶油仅 5 千克，使用油茶良种平均亩产茶油能达到 30 千克以上。由此可见，种苗质量好坏的关键主要在于种苗的遗传品质。

（三）种苗质量的直接表现是"播种品质"

造林与种田的最大不同在于人工造林需要经过由种子（或穗条）培育成苗木这个阶段。各地造林作业设计中一般对树种及苗高、地径都有所规定，所以对苗木的苗高、地径进行检验是种苗质量管理最直接、最简便的方式，能判定人工造林所使用苗木是否是壮苗。

只有达到"播种品质""遗传品质"和"适地适树"三方面有机结合的苗木，才能真正称得上是质量优良的良种壮苗。

二、当前我国林草种苗质量管理存在的主要问题

近些年来虽然我国种苗质量得到了大幅度提高，但是种苗质量管理体系仍不健全，监管方式单一，技术手段落后，良种推广使用不畅，与推动林草事业高质量发展的要求还有较大差距。

（一）种苗质量监管方式单一

现有的种苗质量监管一直是以种苗质量抽查为主线，难以保证种子遗传品质。为了深入贯彻落实《中华人民共和国种子法》，进一步加强林木种苗质量管理，国家林业和草原局建立起种苗质量抽查制度。从 2003 年起每年组织国家种苗质量检验中心对全国生产及使用的林木种子和苗木质量进行抽查，同时部署各省（自治区、直辖市）开展自查，并对种苗质量抽查结果进行通报。通过十多年的持续不断开展种苗质量抽查，对于各地提高种苗意识，全面落实种苗档案、标签制度，进一步规范种苗生产经营行为起到了积极的推动作用，种子样品合格率和苗批合格率由 2003 年的 75% 提高到 95% 以上。然而，这些年来种苗质量抽查主要是检查种子和苗木播种品质，例如，种子质量抽查一般是检查种子样品的发芽率、净度、含水率等，苗木苗批主要是检查苗高、地径等。而对种苗的遗传品质，例如，是否是良种、种源是哪儿、苗木运输距离及是否是适地适树等缺乏监督检查，导致目前有种就采、有苗就用，种源不清，盲目远距离调种用种的现象还时有发生，影响了森林质量的提升和森林的多重效益和多种功能的发挥。

（二）良种选育推广使用机制尚未形成

近些年来，国家重视林木良种选育工作，目前，全国已有经国家和省级审（认）定通过林木良种 8000 多个，主要造林良种使用率由 2000 年的 20% 提高到目前的 65%。虽然良种使用率得到了大幅度提高，但是与世界林业发达国家良种使用率 90% 以上相比，相差很大；与我国农业基本上实现良种化相比，差距更大。造成这种现象的主要原因是：我国林木良种选育科研与生产结合不紧密，不是按照生产需要什么研发什么，而是片面追

求"短平快"，以出成果、发论文为目的，成果转化率低，很难形成一个良性循环；良种知识产权保护薄弱，严重打击了育种专家的积极性；国家投资造林或以国家投资为主的工程造林在编制造林作业时，对造林树种是否应用良种没有做具体要求，良种的潜力和作用远没有发挥出来。

（三）种苗质量管理体系不健全

《中华人民共和国种子法》赋予林业部门履行种苗市场执法职能，我们为此做了一些工作，取得了一定成效，但整体上还很不力。主要原因是：机构不健全，目前全国保留独立林业机构的市（县）仅为49%，保留种苗机构的更少，许多市（县）是多站合一，没有专职人员负责种苗管理，无力执法；同时，基层种苗工作者普遍缺乏专业素养，不会执法；很多地方害怕承担执法带来的责任，不愿执法。

（四）种苗质量监管技术手段落后

种苗从培育到出圃需要经过良种选育→建立种子园（或采穗圃）→种子（穗条）采集、加工→育苗→出圃→运输→造林等环节，要保证"适地适树"及"播种品质"和"遗传品质"，必须要进行全过程监管。然而，目前国内尚未与时俱进地搭建起种苗质量监管系统平台，没有采用物联网、数据库等信息采集和管理的科技手段对种苗生产销售全过程进行管理，仍依靠人工抽检及信息报送等较为落后的管理方式。

三、建立种苗质量追溯制度，加强种苗生产销售全过程管理，是提高种苗质量的有效手段

（一）目前国际上采用的种子认证制度不适用于我国的林木种苗质量管理

种子认证制度起源于19世纪下半叶至20世纪初的欧美发达国家，目前，参加OECD（经济合作与发展组织）国际种子认证的国家达60多个。种子认证是种子企业采用ISO9001标准建立质量管理体系后提出申请，由认证机构依据种子认证方案确认并通过颁发认证证书和认证标识来证明某一种批符合相应的规定要求的活动，通过上述活动生产出来的种子称为认证

种子。种子认证制度是国际上种子质量管理和种子贸易的基本制度，是种子企业对具体产品"种子"的质量过程控制，也是企业产品质量的基本保证。为了使我国种子产业与国际接轨，农业部于 1996 年开展了农作物种子认证试点工作，目前全国已有 60 多家以农作物种子为主的种子企业参与种子认证试点工作。但是经过多年的实践，我国农作物种子认证试点工作进展缓慢，主要原因是目前国内种子企业对种子认证了解不多，行业过于分散而缺乏竞争力，科技创新能力差，相关标准不完善，认证机构不健全。

我国林木种苗生产经营与国外林业发达国家及我国农业相比，行业过于分散，数量多，规模小，集中程度差，经济效益低，缺乏竞争力。全国从事种苗生产经营的企业和个人达 38.3 万家（其中，林木种子生产单位不到 5000 家，苗木生产经营单位近 37.8 万家），但是尚无一家选育、生产、经营相结合的大型公司。同时，林木种苗与农作物种子最大的不同在于需要有一个从种子培育成苗木的过程，我国林木良种生产基地 95% 以上都在国有林场里，是公益性的事业单位，其生产的种子只能称为是一种公益性原料，种子经过苗圃育苗培育成苗木后才是最终产品。由此可见，林木种苗生产经营无论是从生产经营的特点，还是从种苗企业的性质、规模及集中程度来看，不适合实行种子认证制度。

（二）相关政策和法律法规要求要实现种苗质量可追溯

《国务院办公厅关于加快推进重要产品追溯体系建设的意见》中要求：推进主要农业生产资料追溯体系建设。以农药、兽药、饲料、肥料、种子等主要农业生产资料登记、生产、经营、使用环节全程追溯监管为主要内容，建立农业生产资料电子追溯码标识制度，建设主要农业生产资料追溯体系，实施全程追溯管理，保障农业生产安全、农产品质量安全、生态环境安全和人民生命安全。《中华人民共和国种子法》第十六条规定："品种审定委员会承担主要农作物品种和主要林木品种的审定工作，建立包括申请文件、品种审定试验数据、种子样品、审定意见和审定结论等内容的审定档案，保证可追溯。"第三十六条规定："种子生产经营者应当建立和保存包括种子来源、产地、数量、质量、销售去向、销售日期和有关责任人员等内容的生产经营档案，保证可追溯。"为了深入贯彻《中华人民共和国种子法》，加强种苗质量管理，国家林业和草原局先后制定出台了《林木良种推广使用管理办法》《主要林木品种审定办法》《林木种子质量管理办法》《林木种子生产经营许可证管理办法》《林木种子生产、经营档案管理办法》《林木种子包装和标签管理办法》等部门规章和规范性文件，为可追溯体系的建立奠定了法律和规章制度基础。

(三)国内外相关产品开展可追溯的经验为建立种苗质量追溯制度提供了有益的借鉴

质量安全追溯指的是通过相关记录来追溯产品的历史生产过程。国外在农业、食品、工业方面已建立了成熟的可追溯体系。1996年，英国爆发疯牛病之后，食品安全质量及可追溯体系在欧盟受到了空前的重视。随后，欧盟首先建立了农牧产品可追溯体系。欧盟于2004年起陆续颁布了3部有关食物卫生的法规，确保食品在各阶段生产过程有统一的卫生标准，从食品的初级生产开始确保食品生产、加工和销售的整体食品安全，并全面推行危害分析与关键控制点。20世纪70年代以来，我国建立了农产品质量追溯制度，在畜牧业、蔬菜、水果、大宗农产品等生产领域广泛推广应用。目前，农业部已建立全国种植业产品质量追溯体系、动物标识及疾病可追溯体系、水产品质量安全管理追溯体系和农垦农产品质量安全追溯体系4个行业追溯体系。多年来，开发建设了集农业生产档案记录、质量安全监管、消费者查询于一体的农产品质量追溯信息系统，农产品质量追溯工作体系基本完成，制度规范日益健全，技术支撑不断加强，形成一套完整的从生产档案记录到消费者查询的农产品质量追溯信息系统。

(四)建立种苗质量追溯制度对于推进林业和草原高质量发展意义重大

科学造林绿化是保证大规模国土绿化行动顺利实施的基础，用种安全更是科学造林绿化的前提。林业虽然不像医药、食品、农产品等行业一样直接关系到民众的生命健康，但林业周期长、见效慢，对生态环境的影响及对广大林农经济的影响更长远，实行种苗质量追溯制度意义重大。

1. 建立种苗质量追溯制度可以对造林绿化使用的种苗实现全过程的质量监控

针对当前种苗生产经营单位数量多、范围分散的特点，溯源网络能够为林草主管部门提供全范围内的种苗质量统一监督管理，确保及时发现、及时追查、及时控制，这将在很大程度上缓解年年造林不见林的现象。

2. 建立种苗质量追溯制度可以对种苗生产供应进行有效调控

种苗附加信息条码之后，其生产、运输、销售状况都转化为标准化可处理的数据信息，通过对这些信息的分析处理，林业和草原主管部门及种苗企业可以及时准确地了解市场需求，合理安排种苗生产，避免盲目跟风种植，有效缓解种苗供给总量过剩而结构性不足的矛盾。

3. 建立种苗质量追溯制度可以保证造林绿化用种适地适树适种源

良种及种源是林木最重要的品质指标，溯源制度有助于造林绿化单位选择适合当地立地条件的树种、品种，确保造林成活率和保存率。

4. 建立种苗质量追溯制度可以提升种苗生产经营者的技术水平

实行溯源制度，种苗生产经营者必须按照相关标准从事生产、经营管理活动，有利于标准化、规模化生产，提升生产技术与管理能力。

（五）我国林木种苗已具备开展质量追溯的基础

经过多年的努力，我国已建立起较完备的林木种苗生产经营档案制度和标签使用制度。按照相关规定，种子标签应当标注：种子类别、树种（品种）名称、品种审定（认定）编号、产地、生产经营者及注册地、质量指标、质量（数量）、检疫证明编号、种子生产经营许可证编号、信息代码等内容，基本上涵盖了种苗生产销售全过程，可以说就是追溯体系的雏形。目前，全国种苗生产使用者标签使用率、建档率皆达 100%，档案齐全率 90.1%，种苗自检率达 97.6%。在种子标签和档案的基础上，运用互联网、数据库等先进的信息采集、识别技术，开发建设种苗质量追溯平台，实现种苗质量可追溯事半功倍。

特别是在我国油茶种苗质量管理方面，更加具备了开展质量追溯的条件。从 2008 年我国大力推动油茶产业发展以来，坚定不移地推行"四定三清楚"，即定点采穗，定点育苗，定单生产，定向供应；品种清楚，种源清楚，销售去向清楚。其目的就是从种苗生产的源头防止假良种苗木、劣质苗木流入种苗市场，并避免种苗生产的大起大落，保证油茶种苗生产科学有序进行。例如江西省，根据专家研究成果，确定了'长林4号'、'长林40号'、'长林53号'为主栽品种，'长林3号'、'长林18号'为配栽品种，并对每个油茶定点采穗圃的油茶品种进行清理登记。严格执行油茶林木(穗条)良种销售专用凭证制度，将销售专用凭证管理作为档案管理的重要内容。油茶采穗圃销售穗条或育苗户销售苗木时，不仅要签订购买合同，还要向购买方提供发票、良种苗木(穗条)标签，以及《江西省油茶良种穗条销售专用凭证》或《江西省油茶良种苗木销售凭证》，专用凭证是育苗单位(采穗圃)销售、使用良种苗木(穗条)时的专用凭证，也是造林者享受林木良种苗木补贴和林业重点工程项目造林补助的重要凭据之一。省里每年开展林木(穗条)良种销售专用凭证的核查工作，对采穗数量超过认定数量的采穗圃及育苗数量超过购穗量的苗圃进行通报或取消资格，从而确保穗条和苗木的品系、来源及销售去向清楚，实现可追溯。

四、建立种苗质量追溯制度的设想

(一)明确实行种苗质量追溯制度的目标

以全面提升种苗质量为目标，按照"生产有记录、信息可查询、流向可跟踪、质量可追溯"的基本要求，搭建种苗质量追溯平台，建立"用数据说话、用数据管理、用数据决策"的质量管理机制，提升种苗生产销售全过程智慧监管能力，全力推进林木种苗管理现代化，为科学造林绿化奠定坚实基础。

(二)搭建全国统一的种苗质量追溯平台

建立"高度开放、覆盖全国、共享共用、通查通识"的全国种苗质量追溯平台，赋予监管机构、检测机构、执法机构和生产经营主体使用权限，采集主体管理、产品流向、监管检测和公众评价投诉等相关信息，逐步实现林草种苗可追溯管理。以全国的林木采种基地、良种基地、采穗圃和苗圃为主体，对各种苗生产单位进行信息化改造，实现集育种、育苗、仓储、销售全程以 RFID 为核心的安全追溯体系。

（三）建立种苗质量追溯管理运行制度

制定出台国家林业和草原种苗产品质量安全追溯管理办法，明确追溯要求，统一追溯标识，规范追溯流程，健全管理规则。加强种苗行业与有关部门的协调配合，健全完善追溯管理与市场准入的衔接机制，以责任主体和流向管理为核心，以扫码入市或索取追溯凭证为市场准入条件，构建从产地到林地的全程可追溯体系。鼓励各地会同有关部门制定林草种苗追溯管理地方性法规，建立主体管理、包装标识、追溯赋码、信息采集、索证索票、市场准入等追溯管理基本制度，促进和规范生产经营主体实施追溯行为。

（四）加快推进种苗质量追溯标准体系建设

加快制定林草种苗分类、编码标识、SSR 分子标记、平台运行、数据格式、接口规范等关键标准，统一构建形成覆盖基础数据、应用支撑、数据交换、网络安全、业务应用等类别的追溯标准体系，实现全国种苗产品质量安全追溯管理"统一追溯模式、统一业务流程、统一编码规则、统一信息采集"。

（五）以油茶种苗为试点，探索建立全国种苗质量可追溯体系

我国油茶种苗管理一直推行"四定三清楚"，制定了一系列油茶种苗质量管理措施，在种苗质量管理方面积累了丰富经验。为此，可以以油茶种苗为试点，探索建立全国种苗质量可追溯体系。通过收集和共享全国油茶良种、采穗圃、相关标准体系等信息资源，以二维码作为载体，采集上传油茶良种、穗条采集及苗木生产、销售、运输、造林等各环节的质量数据，为消费者提供油茶苗木质量追溯和相关信息查询服务，为林业主管部门和用户提供有效的质量监督管理手段，做到油茶苗木来源可溯、去向可追、质量可查、责任可究。通过两年的试点，对种苗追溯体系不断完善，逐步推广应用到主要造林树种种苗质量管理中，实现种苗管理现代化。

后　记

随着社会的发展，产品质量可追溯化成为市场经济发展的必然产物。林木种苗作为一种商品，对其开展质量追溯是社会发展、市场发展的必然要求，也是广大种苗消费者对生产者提出的必然要求。因此，加快落实林木种苗追溯体系的步伐是目前迫在眉睫的林业重要任务之一。本书基于林木种苗追溯体系构建，针对林木种苗的特点、理论基础、追溯节点、体系建设、保障与建议等内容进行了详细的分析与研究，但仍有许多问题有待进一步研究，主要包括以下四个方面。

（1）林木种苗追溯的信息平台设计

本书介绍了林木种苗追溯的理论及框架，阐述了不同种苗类型的培育、运输、贮藏等内容，并简要提出了种苗质量追溯信息平台的功能构建思路，下一步可根据以上内容开展林木种苗追溯平台的具体设计工作。

（2）林木种苗追溯的运行机制研究

种苗追溯的对象是一个生命体，具有复杂性和动态性，而且种苗质量追溯过程会影响其生命过程，涉及参与种苗追溯的各个主体。必须对林木种苗的运行机制进行深入研究，以保障系统的高效运行，切实保障种苗质量安全，减少林木种苗引起的各类事件发生。

（3）林木种苗追溯信息的标准化研究

种苗质量追溯涵盖种苗从培育到使用的全周期过程，追溯数据和追溯方法必须能够涵盖所有流程，这就要求每个追溯环节都要实现标准化，为确保数据交互的准确性、可行性、系统性、及时性，以及与追溯流程的衔接性，需要开展追溯信息的标准化研究。

（4）林木种苗追溯体系的运行评价研究

林木种苗是保障国家生态安全的重要物质基础。各级林业主管部门对种苗安全高度重视，种苗消费者和使用者更是种苗质量的影响者。林木种苗追溯体系的建立，并不一定完美无缺，需要对其运行效果进行综合评价，并进行不断完善和改进。